U0287891

短视频剪辑

基础与实战应用

（剪映电脑版）

郭韬 著

人民邮电出版社

北京

图书在版编目（CIP）数据

短视频剪辑基础与实战应用 : 剪映电脑版 / 郭韬著
. -- 北京 : 人民邮电出版社，2023.4
ISBN 978-7-115-60899-4

Ⅰ．①短… Ⅱ．①郭… Ⅲ．①视频编辑软件 Ⅳ.
①TP317.53

中国国家版本馆CIP数据核字(2023)第013814号

内 容 提 要

本书采用案例实战式的教学方法对常见的短视频题材进行分类，精选多个经典案例，全面介绍了短视频后期制作的基础知识与实战应用。

本书从认识剪映以及短视频剪辑基础知识与必备思维开始讲起，完整再现了多个案例的制作流程，并将相关知识点的应用，如素材的导入与粗剪、节奏点的设置与调整、音视频融合剪辑、素材的变速与倒放、画面的裁剪与调整、转场效果的添加与使用、各种贴纸和特效的添加与应用、各种调色风格的应用、字幕的添加与修改、片头片尾的制作以及视频的导出与发布等融入其中。案例的难易程度和涉及知识点的复杂程度循序渐进。一些重要的操作技法会在多个案例中重复。希望通过这些案例的训练，读者可以融会贯通，实现掌握短视频剪辑。

本书适合剪映专业版软件初学者、视频后期处理初学者、短视频自媒体博主，以及影视相关专业的学生学习和参考。随书赠送全套配书视频素材。

◆ 著　　　　郭　韬

　　责任编辑　杨　婧

　　责任印制　陈　犇

◆ 人民邮电出版社出版发行　　北京市丰台区成寿寺路 11 号

　　邮编　100164　　电子邮件　315@ptpress.com.cn

　　网址　https://www.ptpress.com.cn

　　涿州市般润文化传播有限公司印刷

◆ 开本：690×970　1/16

　　印张：16.5　　　　　　　　　2023 年 4 月第 1 版

　　字数：425 千字　　　　　　　2024 年 8 月河北第 3 次印刷

定价：99.00 元

读者服务热线：**(010)81055296**　印装质量热线：**(010)81055316**
反盗版热线：**(010)81055315**
广告经营许可证：京东市监广登字 20170147 号

前言

大家都知道，剪映手机版在非常火热地进行推广，其实剪映电脑版，即剪映专业版也一直在做更新和升级。本书采用案例式和完整的实战应用式教学方法，为大家详细说明短视频剪辑的一些理论知识和操作技法。

根据目前流行的趋势，本书将一些大家经常会遇到的短视频题材，尤其是在剪映中应用得比较多的案例进行了分类，如旅行记录类短视频、文化记录类短视频、无人机航拍短视频、文艺类短视频、延时短视频等。从第3章开始，一章为一个完整的案例，每一个案例都有其自身的特点，且每一个案例的制作步骤都会涉及相关知识点的应用，例如素材的导入与粗剪、节奏点的设置与调整、音视频融合剪辑、素材的变速与倒放编辑、画面的裁剪与调整、转场效果的添加与使用、各种贴纸和特效的添加与应用、各种调色风格的应用、字幕的添加与修改、片头片尾的制作以及视频的导出与发布等。案例的难易程度和涉及知识点的复杂程度循序渐进。一些重要的操作技法会在多个案例中重复，帮助大家实现从重复到理解再到拓展应用的目的。

这种案例再现式的表达可以让大家看到整个案例的完整制作流程，对于大家掌握镜头组接的思路也大有裨益。剪映的版本可能会不断进行更新，但短视频剪辑的思维方式万变不离其宗。希望大家通过本书案例的训练，能够真正掌握短视频剪辑的精髓。

目录

第1章

认识剪映

本章将带领大家一起来认识一下剪映专业版软件的操作与使用。我们从最基础的下载与安装讲起,然后分别介绍剪映界面与创作准备,最后分别介绍新版本和旧版本的快速剪辑与视频导出,帮助大家快速上手,做好创作准备。

1.1

剪映的下载与安装

本节将完整介绍剪映专业版软件的下载与安装流程。如果你还未下载安装剪映，或是已经下载过旧版本的剪映，但存在旧版本无法升级的现象，可以卸载旧版本，重新下载安装新版本。

打开电脑中的任意浏览器，在任意搜索引擎中输入"剪映"二字，网页中会自动出现相关的下载链接。这里要注意，一定要选择在剪映的官方网站下载（见图1.1），因为这样不仅安全、可以避免很多广告，而且操作也是最简便的。单击链接后，直接到达剪映官方网站。如果你使用的是Windows系统，官方界面会自动弹出最新的Windows版本下载文件；如果你使用的是Mac系统，官方界面就会自动弹出最新的Mac版本下载文件。单击"立即下载"（见图1.2），系统便会自动开始下载。下载完成后会出现安装提示，单击下方的"更多操作"，可以选择软件安装的位置（见图1.3）。选好后单击"立即安装"，等待软件安装完成即可。软件安装完成后，剪映专业版的快捷方式就会出现在电脑桌面上，同时出现"立即体验"的提示（见图1.4），单击"立即体验"，软件就会进行环境检测。如果你的电脑符合软件的使用条件，就会弹出图1.5所示的提示，单击"确定"，就可以进入剪映的软件界面了（见图1.6）。可以说，整个下载和安装的流程是非常方便、快捷的。

图1.1　建议选择在剪映的官方网站进行下载

图1.2 剪映官方界面会根据你使用的系统自动弹出相应的最新版本下载文件，单击"立即下载"即可下载

图1.3 下载完成后打开安装包，会出现安装提示

图1.4 安装完成后，单击"立即体验"

图1.5 环境检测通过后，会提示"您的电脑可以流畅使用剪映"

图1.6 下载并安装完成后，进入剪映的软件界面

1.2

剪映界面与创作准备

在真正开始剪辑之前，我们需要先了解一下剪映的界面和功能，尤其是草稿的使用。

首先，双击剪映专业版的快捷方式，打开剪映，会出现图1.7所示的界面。界面左侧有一个"本地草稿"，剪映默认剪辑工作都是在本地草稿中进行的，也就是在当前的电脑上进行制作。而右侧的"剪辑草稿"记录的是你制作过的内容，如果你打开剪映后没有进行过任何操作，那么剪辑草稿中就没有历史记录。也就是说，"剪辑草稿"可以存储工作过程的数据文件、保留剪辑信息的文件，包括我们选用了哪些素材、节选了素材的什么位置等，这些剪辑的信息都会保留下来。另外，当我们将剪辑好的文件输出成作品以后就无法对其进行修改了，如果想进行修改，可以在"剪辑草稿"中找到相应的文件，进行调整后重新输出。大家可以看到，"剪辑草稿"中的文件名称包含一些数字，例如"202203151714"，它代表该文件是在2022年3月15日17:14这个具体的时间创建的，每一个剪辑草稿都默认具备这样一个名称，供我们今后查找和管理。

图1.7 打开剪映后的界面

接下来，单击"开始创作"，进入剪映的创作界面（见图1.8）。这个界面中有几个大的模块需要为大家一一进行介绍。

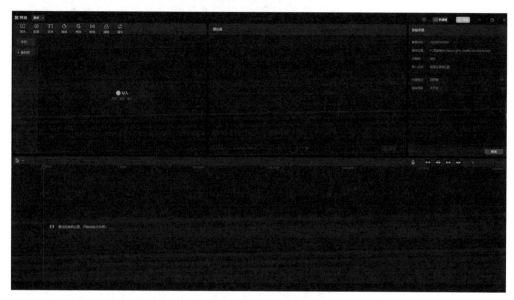

图1.8 进入剪映的创作界面

在"媒体"中，默认从"本地"开始进行素材的导入，单击"导入"，就可以将外部的视频、音频、图片等素材添加到剪映中（见图1.9）。此外，剪映还附带了一个"素材库"，里面包含"冰雪2022""片头""片尾"等多种类型的素材，其中包括一些配音的片段、合成的片段（见图1.10），我们可以添加和选用，这是一个很好的素材补充渠道。

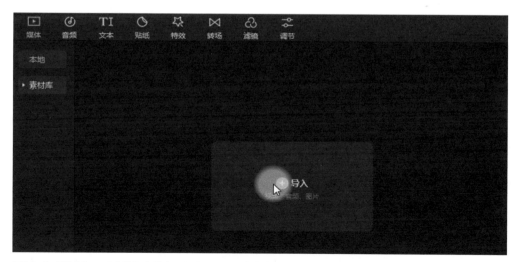

图1.9 在"媒体"—"本地"中单击"导入"，可以将视频、音频、图片等素材添加到剪映中

图1.10 "媒体"—"素材库"提供了多种类型的素材

　　"音频"中有着非常丰富的音频素材，我们可以根据自己的需要，在分类列表中找到一些合适的音频素材作为储备（见图1.11）。

图1.11 "音频"中提供了多种类型的音频素材

　　打开"文本"界面，可以通过其中的"新建文本"或"文字模板"为视频添加文字（见图1.12）。在"文字模板"中，剪映提供了丰富的文字动画效果。另外，剪映还有"智能字幕"和"识别歌词"等功能。

图1.12 打开"文本"界面，可以为视频添加各种文字

"贴纸"为我们提供了一些修饰画面的漫画式或动画式素材（见图1.13），在一些特殊的分类中，还有一些带文字的动画式贴纸，可以在需要的时候用来丰富视频的画面。

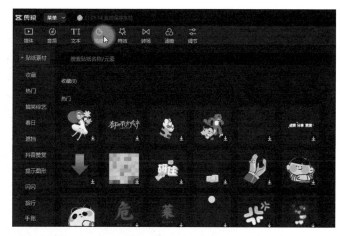

图1.13 选择合适的贴纸，可以修饰和丰富视频的画面

"特效"提供了不同类别的特效（见图1.14），比如"氛围"，会带来一些光效或者整体画面的改变；比如"自然"，会模拟晴天的光线以及水滴模糊、落叶等效果，可以让画面变得更加丰富和有趣。

图1.14 特效可以让视频的画面变得更加丰富和有趣

"转场"（见图1.15）会让镜头与镜头之间的衔接更加流畅。

图1.15 在镜头和镜头之间添加一些转场效果，可以让镜头的衔接更流畅

"滤镜"中的滤镜（见图1.16）会对视频的色调和风格进行改变，我们可以根据分类进行合理的添加。

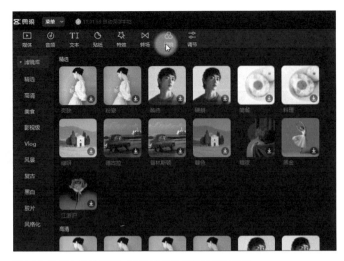

图1.16 选择合适的滤镜，可以改变视频的色调和风格

我们可以通过"调节"（见图1.17）中的"自定义调节"实现想要的色温、色调、饱和度等参数的调整（见图1.18）。

图1.17 "调节"中的"自定义调节"可以实现对画面的一些调整

图1.18 "调节"—"自定义调节"中的一些预设调整参数

界面右上方是"草稿参数"，里面包含了草稿名称。图1.19所示的"202203161059"是一个默认的以操作时间命名的草稿名称，如果我们想要对其进行修改，单击右下角的"修改"，在打开的对话框中即可重新命名，同时打开下方的"自由层级"（见图1.20），可以带来更大的创作自由度。修改完成后单击"保存"即可。可以看到，我们已经将草稿名称从"202203161059"改为"春日旅行"。

图1.19 单击"草稿参数"右下角的"修改"，可以对其中的一些选项进行设置

图1.20 在"草稿参数"对话框中可以对草稿重新命名

Tips **什么是自由层级？**

　　项目涉及多个素材轨道时，就会应用到层级的概念。如果我们关闭"自由层级"，默认后导入的素材层级更高，在时间线最上层的素材不一定会优先出现。而当我们开启"自由层级"后，素材就会按照自上而下的顺序进行显示，你可以自由改变各素材轨道的层级顺序，决定优先显示哪一段素材。总体来说，"自由层级"更符合我们视频剪辑操作的习惯。

1.3

快速剪辑与视频导出

当我们熟悉了剪映的界面和草稿的作用以后，就可以尝试导入素材，初步完成一些剪辑工作，然后进行视频的导出了。

在剪映的创作界面中找到"媒体"—"本地"，单击"导入"后，找到相应的素材文件夹。如果要导入单个素材文件，选中素材文件后单击"打开"即可。如果需要导入多个素材文件，可以对需要的素材文件进行全选后再单击"打开"。这里我们将1、2、3号素材文件进行全选，然后单击"打开"（见图1.21）。

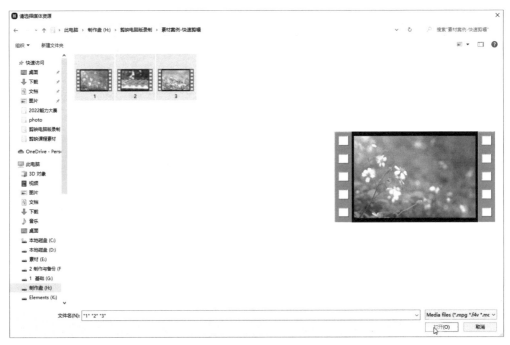

图1.21 找到素材文件夹，选中需要导入的素材文件后，单击"打开"

打开以后，创作界面的左上角就会出现这3个素材。选中一个素材以后，可以在播放器中进行完整的浏览。被选中素材的蓝色选框中有一条黄色的指示线，它所在的位置对应当前播放器中所显示的画面（见图1.22）。

图1.22 选中素材后，可以在播放器中进行浏览

　　可以看到，每个素材的右上角都显示了时长，如果我们想要制作一个时长在30秒左右的作品，就需要对这3个素材进行有效的节选。

　　选中素材后，将鼠标指针放置在蓝色选框的最左端，向右拖动到一个新的起始点；再将鼠标指针放置在蓝色选框的最右端，向左拖动到一个新的结束点。此时我们可以看到蓝色选框的范围变小了，显示的"00:00:14"代表我们在当前素材中节选出了14秒的内容，已经被剪辑过的素材的左上角会出现一个剪刀标志（见图1.23）。单击蓝色选框右下角的"+"，就可以将节选好的素材添加到下方的时间线上（见图1.24）。添加完成后，素材左上角会出现"已添加"的提示。

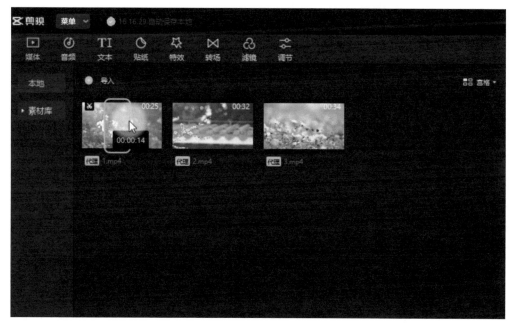

图1.23 调整被选中素材蓝色选框的两端以节选素材

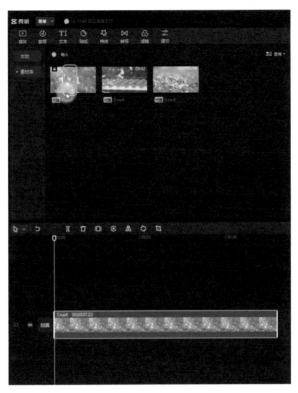

图1.24 单击蓝色选框右下角的"+"，将节选好的素材添加到
下方的时间线上

2号素材的时长为32秒，我们用同样的方法，节选2号素材中间10秒左右的内容（见图1.25）。大家注意，时间线上有一根白色滑杆，滑杆所在位置的画面内容会在上方的播放器中进行显示。我们将滑杆拖动至第一段素材的结尾处，再单击2号素材右下角的"+"，将节选好的内容添加到时间线上（见图1.26）。

图1.25 节选2号素材

图1.26 将白色滑杆拖动至第一段素材的结尾处，单击2号素材右下角的"+"，将节选好的内容添加到时间线上

3号素材同理，还是节选其中10秒左右的内容（见图1.27）。节选完成后，除了可以单击素材右下角的"+"将其添加到时间线上，也可以按住鼠标左键将节选好的素材直接拖动到时间线上（见图1.28）。

图1.27 节选3号素材

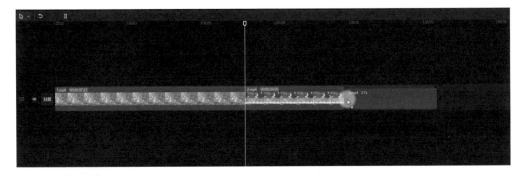

图1.28 将3号素材添加到时间线上

　　素材添加完成以后，可以按住鼠标左键迅速地拖动白色滑杆，浏览一下整体内容。如果没问题，就可以添加音频了。单击"音频"，根据素材内容选择"轻快"—"春日漫游"。注意在添加音频之前，要把白色滑杆放置在时间线的开头。单击音频右下角的"+"，就可以将音频添加到时间线上了（见图1.29）。

图1.29 单击音频右下角的"+"，将音频添加到时间线上

　　可以看到，音频比视频多出了一部分，所以我们还需要对音频进行节选。将白色滑杆放置在视频的结尾处，选中音频，单击"分割"（见图1.30），视频结束后的这部分音频就会被分割出来。再单击"分割"后面的"删除"或是单击鼠标右键选择"删除"（见图1.31）即可。此时，音频就与视频的时长对应了。

图1.30 单击"分割"，可以对素材进行分割

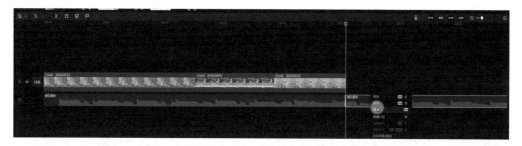

图1.31 在选中的音频上单击鼠标右键，单击列表中的"删除"，即可删除多余的音频

对音频进行分割、删除处理后，结尾会有一点生硬。我们可以在右上方的属性面板中将音频的"淡出时长"调整至3秒（见图1.32），可以看到调整后音频的结尾呈圆弧状。这样音频结束时就会有淡出效果，听起来更加柔和了。

图1.32 对音频的"淡出时长"进行调整

最后我们需要对视频进行导出。单击右上角的"导出"（见图1.33），会出现参数设置对话框，我们可以对导出参数进行调整。首先，将"作品名称"修改为"春日旅行（1）"，将"导出至"的位置调整为你想储存作品的位置，"分辨率"默认为1080P，"编码"默认为H.264，"格式"默认为MP4，这里需要调整一下"帧率"，将"帧率"从50fps调整至30fps。调整完成后单击对话框右下角的"导出"，导出的过程需要一些时间（见图1.34）。导出完成以后，单击右上角的"打开文件夹"（见图1.35），即可跳转至我们选择的"导出至"的位置，找到作品后可以对作品进行完整的浏览。

图1.33 单击创作界面右上角的"导出",即可对导出参数进行设置

图1.34 参数设置完毕,对视频进行导出,需等待进度条加载完毕

图1.35 导出完成以后，单击右上角的"打开文件夹"即可找到作品

1.4
旧版本快速剪辑与视频导出

1.3节我们讲过，新版本的剪映可以先调整导入素材的起始点和结束点，再将素材添加到时间线上进行粗剪，而旧版本的剪映则不具备这个功能。很多读者可能并未升级剪映的版本，本节我们就来讲一讲如何用旧版本的剪映进行素材的导入和导出，并完成一些快速剪辑的工作。

首先，和新版本一样，旧版本剪映也是在创作界面中对素材进行导入。单击"导入"，找到需要导入的素材文件夹，全选素材或是按住Ctrl键后单独选择3个需要导入的素材，单击"打开"，这样就完成了素材的导入。

接下来，选中1号素材，因为旧版本剪映没有先节选素材的功能，所以我们只能单击素材右下角的"+"，或是用鼠标将整个素材拖到时间线上（见图1.36）。添加完成后，可以看到时间线上的1号素材时长为24秒，显然太长了，我们需要在时间线上对其进行节选。将鼠标指针放置在时间线上素材的最左端向右拖动，调节素材开头的位置（见图1.37）；将鼠标指针放置在时间线上素材的最右端向左拖动，调节素材结尾的位置（见图1.38）。这样就完成了在时间线上对素材进行节选的工作，用这种方法将素材的时长缩短至11秒左右。2号素材和3号素材也利用同样的方法进行调整，这样一个由3段素材构成的、总时长为30秒左右的视频的画面部分就完成了（见图1.39）。

图1.36 先将1号素材添加至时间线

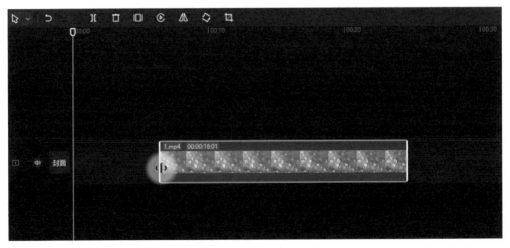

图1.37 在时间线上向右拖动素材的开头位置，以调整素材的起始点

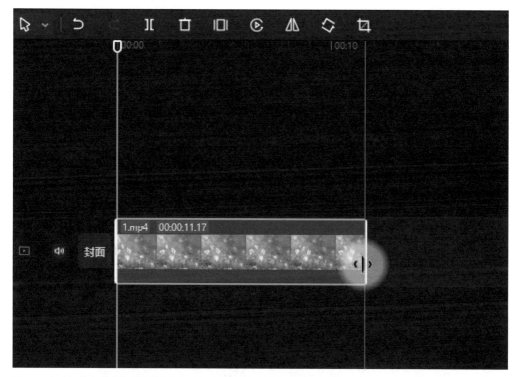

图1.38 在时间线上向左拖动素材的结尾位置，以调整素材的结束点

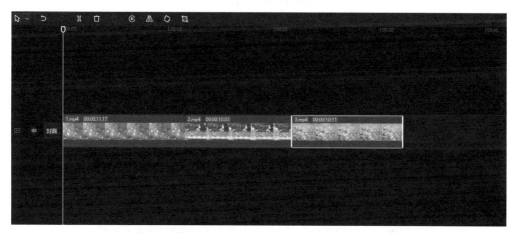

图1.39 在时间线上分别节选出3段素材的有效内容

用1.3节讲过的方法，在"音频"中找到"春日漫游"，将其添加到音频时间线上并进行处理，再在音频最后的位置做淡出处理，让音频结尾出现逐渐减弱的效果。这样一段30秒左右的视频就快速剪辑完成了。

最后进行视频的导出。导出方法和新版本一样，我们需要修改作品名称，选择作品导出后保存的位置，分辨率要与素材本身的分辨率保持一致。将"码率"设置为推荐，"编码"为H.264，"格式"为MP4，"帧率"为30fps，然后单击"导出"（见图1.40）。导出完成后，单击"打开文件夹"（见图1.41），就可以对作品进行浏览了。

图1.40 对导出参数进行设置

图1.41 导出后单击"打开文件夹"，即可找到作品，对作品进行浏览

第2章

短视频剪辑基础
知识与必备思维

在开始案例实战应用之前，我们应该了解一些短视频剪辑的基础知识，比如视频比例和视频格式有哪些、各自有怎样的特点，以及什么是视频的分辨率、码率、编码和帧率。这样在导出视频时，我们可以更有效地设置各项参数。

除此之外，一些短视频剪辑的必备思维也是我们应该了解并掌握的，比如固定镜头和运动镜头的特性及区别，固定镜头、运动镜头及不同景别镜头之间的组接规律。这可以帮助我们更好地挑选素材，并对素材合理地进行安排、剪辑。

2.1

视频比例和视频格式

视频比例

视频比例是指视频画面的长宽比例。视频比例是剪辑的基础，在剪辑短视频时，我们首先要确定是选用横屏还是竖屏（见图2.1）。

目前最常见的视频比例为16∶9（横屏）和9∶16（竖屏）。通常情况下，横屏更讲究大场面、纵深感，尤其适合表现规模和氛围，适合在大屏幕，比如电影屏幕上观看。竖屏则更适合移动端。相较于横屏，竖屏更贴近观众的主观感觉，能增强观众与屏幕内容的交流感。除此之外，还有4∶3、2.35∶1、2∶1、1.85∶1、1∶1、3∶4等视频比例，我们可以根据自己的需求选用。

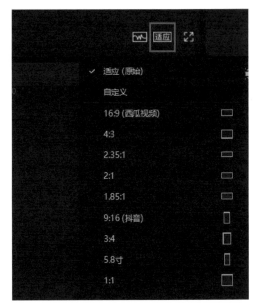

图2.1 在剪映中，单击播放器右下角的"适应"即可打开一个更改视频比例的下拉列表

视频格式

视频格式是指视频存储时的文件格式。常见的视频格式有MP4、MOV、AVI、MKV、WMV、FLV/F4V、REAL VIDEO、ASF和BLU-RAY DISC。在这些视频格式中，有些适合网络播放及传输，有些则适合在本地设备中用某些特定的播放器播放（见图2.2）。

MP4

MP4是一种非常流行的视频格式，许多电影、电视剧都是MP4格式的，其特点是压缩比高，能够以较小的文件呈现出较高的画质。正是因为其文件小、传输速度快的特性，MP4格式在网络上被广泛使用。

MOV

MOV（QuickTime影片格式）是由苹果公司开发的一种格式，常用于存储音频和视频等。该格式的优点是画质出色、不压缩、数据流通快，适用于视频剪辑制作，但缺点是文件较大。

AVI

AVI（Audio Video Interleaved，音频视频交错格式）是由微软公司在1992年推出的视频格式，可以说是历史最悠久的视频格式之一。AVI格式调用方便、画质好，但文件往往较大，并且兼容性一般，有些播放器无法播放AVI格式的视频。

MKV

MKV是一种多媒体封装格式，有容错性强、支持封装多重字幕、帧率可变、兼容性好等特点，是一种开放标准的自由的容器和文件格式。从某种意义上说，MKV只是个壳子，它本身不编码任何视频、音频等，但它足够开放，可以把其他视频格式的特点都装进来，所以它本身没有什么画质、音质方面的优势可言。

WMV

WMV（Windows Media Video）是一种数字视频压缩格式。它是由微软公司开发的一种流媒体格式，主要特征是同时适合本地或网络回放、支持多语言、扩展性强等。它最大的优势是在同等画质下，视频文件可以边下载边播放，因此很适合在网络上播放和传输。

FLV/F4V

FLV（Flash Video）的文件非常小，所以特别适合在网络上播放及传输。F4V格式是继FLV格式之后，Adobe公司推出的支持H.264编码的流媒体格式，大小相同时，F4V格式的视频要比FLV格式的视频更加清晰。

REAL VIDEO

REAL VIDEO是一种由RealNetworks公司开发的高压缩比的视频格式，扩展名有"RA""RM""RAM""RMVB"。REAL VIDEO格式主要用于在低速率的广域网上实时传输活动视频影像，可以根据网络数据传输速率的不同而采用不同的压缩比，从而实现影像的实时传输和实时播放。

ASF

ASF（Advanced Streaming Format，高级串流格式）是微软公司为了与RealNetworks公司的REAL VIDEO格式竞争而推出的一种文件压缩格式。ASF格式的视频可以直接在网络上播放。ASF格式使用了MPEG-4 的压缩算法，压缩比和图像的品质都不错。

BLU-RAY DISC

BLU-RAY DISC（通常缩写为BD，蓝光光碟）是继DVD之后的高画质影音存储媒体。普通蓝光光碟的容

量在20GB以上，甚至可以达到
100GB，所以它可以存储更清晰
的影片。从这个角度来说，蓝光
光碟更适合在本地播放设备上
播放。

图2.2 在导出视频时，可选择合适的视频格式

2.2

视频的分辨率、码率、编码和帧率

分辨率

静态图像的分辨率是指以英寸为单位面积上的像素数。视频是连续的图像序列，由连续的帧构成，一帧即为一幅图像，因此视频的分辨率是指一帧图像内所包含的像素数，即一帧图像的长边像素乘以宽边像素。

常见的视频分辨率有720P、1080P、2K、4K。其中，720P、1080P中的"P"，意为逐行（Progressive）扫描，表示纵向有多少行像素。比如720P（一般这样的视频被业界称为"高清"）是指在逐行扫描下达到1280像素×720像素分辨率的显示格式，而1080P（一般这样的视频被业界称为"全高清"）是指在逐行扫描下达到1920像素×1080像素分辨率的显示格式。 随着分辨率的不断提升，P前面的数字变得越来越大，为了方便，人们开始使用2K、4K来表示一些分辨率更高的"超高清"视频。2K和4K中的"K"，通常表示的是横向排列有多少个1024像素，比如2K一般是指2048像素×1080像素的分辨率，而4K则是指4096像素×2160像素的分辨率。

通常情况下，2K和4K常用于电脑剪辑；而720P和1080P视频会小一些，用于手机剪辑会更加轻松（见图2.3）。

图2.3 在导出视频时，可以对视频的分辨率进行设置

码率

码率也可以称为取样率，是指数据传输时每秒传送的数据位数，常用单位为Kbit/s（或Kbps，千位每秒）和Mbit/s（或Mbps，兆位每秒），1Mbit/s=1024Kbit/s。

码率越高，数据流精度就越高，处理出来的文件就越接近原始文件，视频的画面就越清晰，画面质量也越好。

我们在剪映专业版中导出视频时，有4个码率选项，分别

图2.4 在导出视频时，可根据要上传的平台来选择合适的视频码率

为"更低""推荐""更高""自定义"（见图2.4）。对于SDR（Standard-Dynamic Range，标准动态范围图像）视频来说，"更低"代表6Mbit/s，"推荐"代表16Mbit/s，"更高"代表25Mbit/s；对于HDR（High-Dynamic Range，高动态范围图像）视频来说，"更低"代表10Mbit/s，"推荐"代表20Mbit/s，"更高"代表30Mbit/s。当我们将剪辑好的作品上传到视频网站上时，码率过高的视频可能会被二次压缩。如果想要将作品上传至抖音平台，码率最好控制在6Mbit/s以内，即选择"更低"，否则会启动压缩机制。

编码

编码是指对视频进行压缩或解压，或是对视频格式进行转换。压缩视频必然会导致数据损失，在数据损失最小的前提下尽量压缩视频，是视频编码的第一个研究方向；第二个研究方向是通过特定的编码方式，将一种视频格式转换为另外一种格式。

常见的编码方式有MPEG系列、H.26X系列、AVS系列（见图2.5）。

MPEG 系列：由ISO（International Organization of Standardization，国际标准化组织）下属的MPEG（Moving Picture Experts Group，动态图像专家组）开发。

（1）MPEG-1第二部分：主要用于VCD，有些在线视频也使用这种格式。该编码器的体积和原有的VHS录像带的体积相当。

（2）MPEG-2第二部分：等同于H.262，主要用于DVD、SVCD以及大多数数字视频广播系统和有线分布系统。

（3）MPEG-4第二部分：可用于网络传输、广播和媒体存储，相较于MPEG-2和第一版H.263，它的压缩性能有所提升。

（4）MPEG-4第十部分：在技术上采用了和H.264相同的标准，有时候也被称作"AVC"。动态图像专家组与国际电信联盟（ITV）合作开发出了H.264/AVC标准。

H.26X 系列：由国际电信联盟和国际标准化组织共同开发，包括H.261、H.262、H.263、

图2.5 在导出视频时，可根据需求选择合适的编码

H.264、H.265等。

（1）H.261：主要用于早期的视频会议和视频电话产品。

（2）H.262：主要用于数字电视广播，包括陆地、海底电缆和卫星广播等。

（3）H.263：主要用于视频会议、视频电话和网络视频。

（4）H.264（或称AVC，Advanced Video Coding，高级视频编码）：兼容性好，是一种更加通用的视频压缩标准，也是一种被广泛使用的高精度的视频录制、压缩和发布格式。

（5）H.265（或称HEVC，High Efficiency Video Coding，高效视频编码）：是H.264的升级版，比H.264更加优化。在同样的画质和码率下，H.265比H.264占用的存储空间小，支持4K分辨率，且分辨率最高可达到8K。

AVS（Audio Video coding Standard）系列： 中国自主知识产权音视频编码标准。

（1）AVS1：第一代AVS标准，包括国家标准《信息技术 先进音视频编码 第2部分：视频》和《信息技术 先进音视频编码 第16部分：广播电视视频》（简称AVS+）。AVS+的压缩效率与国际同类标准H.264/AVC最高档次（High Profile）相当。

（2）AVS2：第二代AVS标准，首要应用目标是超高清晰度视频，支持超高分辨率（4K以上）、高动态范围视频的高效压缩。AVS2的压缩效率比上一代标准AVS+和H.264/AVC提高了一倍，超过国际同类型标准HEVC/H.265。

（3）AVS3：第三代AVS标准，于2022年7月被正式纳入国际数字视频广播组织核心规范。

帧率

帧率意为每秒传输的帧数，是测量用于保存、显示动态视频的信息数量。我们说过，视频本质上是一组连续、快速显示的图像序列，视频实现传播的基础是人眼的视觉残留特性，每秒连续显示24幅以上不同的静态图像时，人眼就会感觉图像是连续运动的。因此从再现活动图像的角度来说，视频的帧率必须达到24fps以上，即每秒显示超过24帧的画面。实际上，24fps只是让视频能够流畅显示的最低值，帧率要达到50fps以上才能消除视频画面的闪烁感，此时视频显示的效果才会更流畅、细腻。目前剪映专业版可以选择的帧率有24fps、25fps、30fps、50fps、60fps（见图2.6）。

建议大家在导出时设置的帧率，尽量与原始素材的帧率保持一致。如果导出的帧率高于原始素材的帧率，既起不到补帧的作用，也不会增强画质，只会增加文件的大小；如果导出的帧率低于原始素材的帧率，会导致帧与帧之间分离过大，从而导致观感不佳。

图2.6 在导出视频时，帧率的设置尽量与原始素材保持一致

2.3

认识镜头

镜头是影视创作的基本单位，一个完整的短视频作品是由一个个镜头构成的。根据镜头是否运动，我们可以将其分为固定镜头和运动镜头。

固定镜头

固定镜头是指在拍摄一个镜头的过程中，拍摄设备的位置、方向和镜头焦距都固定不变，不发生任何运动。被摄对象可以是静态的，也可以是动态的。同一画面的光影可以发生变化，但画面所依附的框架是固定不动的。

固定镜头符合我们日常生活的视觉体验，给人一种稳定的视觉感受，因此非常适合营造静态的气氛，能够强调画面静态的造型，尤其适合创作一些具有形式美感的画面。固定镜头还能起到突出表现的作用，让观众看清楚环境或环境里的某一物品，有利于交代主体所处的位置和方向关系，对塑造空间有一定的优势。

但固定镜头也存在一定的局限性。由于视点单一，固定镜头难以表现复杂的环境和空间，对运动范围较大的被摄主体无法给予好的表现，固定的长镜头也很容易让观众感到乏味。因此我们需要在合适的场合下合理使用固定镜头。

运动镜头

镜头在拍摄过程中，拍摄设备的位置、方向和镜头焦距有一者发生变化，即可称为运动镜头。一个运动镜头是由起幅、运动、落幅构成的，其中运动可以是横向运动、纵向运动、平面推移、升降，也可以是复合运动，各种运动形式的镜头使动作发生的空间和时间得到了完整、连续的表现。

运动镜头主要包括推镜头、拉镜头、摇镜头、移镜头、跟镜头、升镜头、降镜头、甩镜头。相比于固定镜头，运动镜头可产生多变的景别、角度、空间和层次，形成多变的画面构图，使观众的视点不断发生变化。因此运动镜头能够创造出影像和节奏的变化，但在执行上也更为复杂。

Tips **什么是起幅和落幅？**
起幅是指运动镜头开始的画面。起幅之后，运动镜头的运动才开始。与起幅相对应的落幅则是指运动镜头终结的画面。拍摄时，尽量在起幅和落幅画面上固定拍摄1～2秒，这样可以给后期剪辑更大的创作空间。

2.4
镜头组接规律

镜头组接是指将每一个单独的镜头有逻辑、有构思、有节奏地连接在一起，使其形成一段自然、流畅、完整的影视作品。多个镜头进行组接时，要注意一些特定的规律，具体如下。

剪辑点

剪辑点是指由一个镜头切换到下一个镜头的组接点，即一个镜头从哪个位置截断，之后与其他镜头进行组接。在剪辑的过程中，对于剪辑点的选择不能太过随意，要考虑镜头之间的前后逻辑关系，进而通过剪辑点将一些无效画面或是与剪辑效果关系不大的画面排除掉，这样可以让镜头之间的衔接更紧凑、更流畅。

固定镜头组接

固定镜头之间的组接常见于一些特定的场景，比如电视新闻节目中不同主持人播报新闻时，固定镜头中间可能会不穿插运动镜头，而直接进行组接；或者在表现某些特定风光场景时，用不同的固定镜头去呈现同一个场景的不同气象或时间。

在其他大部分的场景中，我们在剪辑时要注意，固定镜头应尽量与运动镜头搭配使用，否则容易让视频出现堆砌感和零碎感。

当遇到表现同一场景、同一主体，画面各种元素的变化又不是很大的情况，还必须进行固定镜头的组接时，可以选择在不同的固定镜头之间使用空镜头、字幕等进行过渡，这样就可以避免组接后的视频有强烈的堆砌感。

运动镜头组接

运动镜头的组接非常复杂，特别考验剪辑人员的功底以及创作意识。运动镜头的组接除了运动镜头之间的组接，还包括运动镜头与固定镜头的组接。

动接动：运动镜头之间的组接

运动镜头之间的组接，要根据所拍摄主体、运动镜头的类型来判断是否要保留组接处的起幅与落幅。

运动镜头有推、拉、摇、移、跟、升、降、甩等各种不同的运动形式。对主体不同、运动形式不同的镜头进行组接时，应剪掉组接处的起幅与落幅，只保留第一个镜头的起幅和最后一个镜头的落幅。另外要注意，尽量选择运动速度相近的镜头进行组接，以保持运动节奏的和谐。

对主体不同、运动形式相同的镜头进行组接时，要通过运动方向来判断是否保留起幅与落幅。对主体不同、运动形式相同、运动方向一致的镜头进行组接时，应剪掉组接处的起幅与落幅；对主体不同、运动形式相同、运动方向不一致的镜头进行组接时，通常保留组接处的起幅与落幅。

静接动：固定镜头和运动镜头组接

在大多数情况下，固定镜头与运动镜头进行组接时，需要在组接处保留运动镜头的起幅或落幅。如果固定镜头在前，那么最好保留运动镜头的起幅；如果运动镜头在前，那么最好保留运动镜头的落幅。这样可以避免组接后的画面过于跳跃，让观众感到不适。

以上介绍的是一般规律，在实际应用中，我们可以不必严格遵守这种规律，只要不是大量的固定镜头堆砌，在固定镜头中间穿插一些运动镜头，就可以让视频整体效果流畅起来。

景别组接

景别是指被摄主体在屏幕框架结构中所呈现出的大小和范围，创作者可以通过景别对画面内容进行控制。不同的景别在画面造型和表意上具有不同的功能。根据被摄主体在画面中的比例，景别可以划分为大远景、远景、大全景、全景、中景、中近景、近景、特写。

通常情况下，两个及两个以上镜头的组接，景别的变化不宜过大，否则容易产生跳跃感。常见的景别组接方式有前进式组接、后退式组接、环形组接。当然，在一些特殊的场景中，跳跃性较强的景别组接方式也是存在的，即我们后续将要介绍的两极镜头。

前进式组接

前进式组接是指景别的过渡景物由远景、全景，向中景、近景、特写依次过渡，这样的景别变化幅度适中，不会给人跳跃的感觉。

后退式组接

后退式组接与前进式组接正好相反，是指景别由特写、近景、中景逐渐向全景、远景过渡，最终视频可以呈现出细节到场景全貌的变化。

环形组接

环形组接其实就是将前进式组接与后退式组接结合起来使用，景别是由远景、全景、中景、近景到特写过渡，之后再由特写、近景、中景、全景向远景过渡。当然，也可以先后退式组接，再前进式组接。

两极镜头

两极镜头是指镜头组接时由远景接特写，或是由特写接远景，跳跃性非常强，从而让观众有较大的视觉落差，形成强烈的视觉冲击。两极镜头一般在影片开头和结尾时使用，也可用于段落开头和结尾，但不适宜用来叙事，容易造成叙事不连贯等问题。

空镜头的使用

空镜头又称"景物镜头"，常用于介绍环境背景、交代时间与空间信息、增强情感、渲染气氛、实现流畅的过渡转场效果。

空镜头有写景与写物之分，前者通称风景镜头，往往用全景或远景表现；后者通称细节描写，一般采用近景或特写表现。

第3章

旅行记录类短视频
——《旅行印象》案例

　　本章我们将以一个简单的短视频《旅行印象》为案例，通过详细的案例步骤分解，说明如何通过镜头的组接完成一个基础的短视频作品。

　　通常情况下，想要制作这样一个短视频作品，大致需要经过 4 个步骤：素材的导入与粗剪、音频导入、时间线上的基本剪辑操作、片头文字的添加与视频的导出。

　　在正式开始学习之前，大家可以先扫描二维码观看一下制作完成的《旅行印象》。

3.1

素材的导入与粗剪

　　想要对拍摄好的素材进行剪辑，第一步是把素材导入剪映。打开剪映，单击"开始创作"，进入剪映的创作界面。单击"导入"，选择相应的素材文件夹，可以在空白处按住鼠标左键进行拖动，全选《旅行印象》的7个素材，选中后单击"打开"，即可完成素材的导入。导入后，素材将在"媒体"—"本地"界面中显示（见图3.1）。因为我们设置了"新建草稿时，默认开启代理模式"，所以能看到"草稿参数"中的"代理模式"一栏正在自动进行媒体转码（见图3.2）。

> **Tips** 什么是代理模式？
>
> 代理模式就是将高码率、高分辨率的素材（如4K、8K视频）转成较低分辨率的素材，以便进行流畅的预览和剪辑；但是在你导出视频时，分辨率会恢复原素材的分辨率，以保证视频的清晰度。使用代理模式主要是为了保证电脑最大限度地流畅运行，避免在剪辑的过程中出现卡顿现象。

图3.1 将7个素材导入剪映

图3.2 "代理模式"一栏正在自动进行媒体转码

　　将素材导入后，就可以开始进行视频的粗剪工作了。这里我们按照新版本剪映的处理方法对素材进行节选，使用旧版本剪映的读者可以参考本书1.4节中给出的方法。

> **Tips** 什么是粗剪？
>
> 所谓粗剪，是指对素材进行粗略剪辑，而非精细化处理。在粗剪的过程中，有一个很重要的工作，就是

节选出素材中的有效内容。我们在拍摄素材时，一个镜头通常会拍摄得比较长，但最终呈现出来的作品中一个镜头往往不需要那么长，这就需要我们在粗剪时对每一个镜头进行有效的节选。节选之后，还需要在时间线上以一定的先后顺序将这些素材进行合理组接，从而使作品完整地呈现出来。

首先选择1号素材，1号素材的总时长为20秒，我们需要调整蓝色选框的起始位置，找出其中一段我们最希望展示在最终作品中的内容，实现对素材的有效节选。播放器左下角显示的白色数字"00:00:11:19"（见图3.3）为素材节选后的总时长，其中11指秒数，19指帧数，也就是说我们将1号素材节选成了一段11秒19帧的镜头。将节选后的素材拖动到时间线上，这样第一个镜头就粗剪完成了（见图3.4）。同样，第二个镜头选择2号素材，节选出飞鸟飞翔状态比较好的镜头（见图3.5），将其放置在时间线上。第三个镜头选择3号素材，节选出一段走路的镜头（见图3.6），将其放置在时间线上。第四个镜头选择4号素材，节选一段驾车的镜头（见图3.7），将其放置到时间线上。第五个镜头选择5号素材，节选一段汽车在公路上行驶的镜头（见图3.8），也将其放置到时间线上。至此，我们对5段素材的有效内容都进行了节选和排序，将多条冗长的素材粗剪成了一段时长为46秒07帧的视频（见图3.9）。需要注意的是，当时间线上的素材较长、无法全部显示时，可以向右拖动时间线下方的灰色滚动条。

图3.3　1号素材节选后的总时长

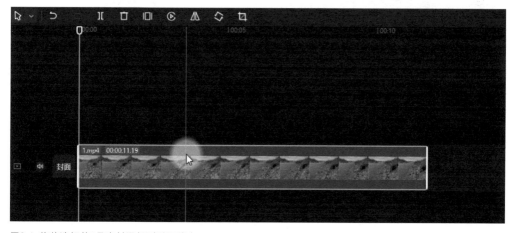

图3.4　将节选好的1号素材添加到时间线上

图3.5 对2号素材进行有效节选

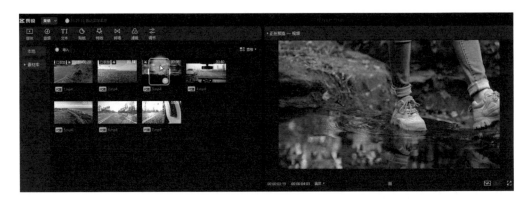

图3.6 对3号素材进行有效节选

图3.7 对4号素材进行有效节选

图3.8 对5号素材进行有效节选

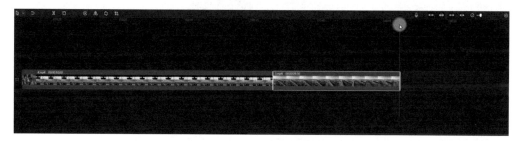

图3.9 对5段素材进行节选，将素材粗剪成一段时长为46秒左右的视频

3.2

音频导入

在剪映中为素材添加音频的方式有两种：一种是从剪映自带的音频库中导入音频，另一种是从外部导入音频。本节我们以在3.1节中粗剪完成的素材为例，讲解如何从剪映自带的音频库中导入音频。

单击创作界面左上角的"音频"进入音频库，音频库中的"音乐素材"提供了各种类型的音频，如抖音、卡点、运动、VLOG、旅行、美食、美妆&时尚、儿歌、萌宠等，我们可以从中进行选择。该案例选择的是"抖音"分类中的"平凡的一天"，选中音频后会自动进行播放（见图3.10）。注意，在已选中的音频右下角有一个"☆"（见图3.11）和一个"+"（见图3.12）。"☆"是收藏的意思，单击"☆"使其变成黄色，当前选中的音频就会出现在左侧的"收藏"列表中（见图3.13），以便以后再次使用。"+"是添加的意思，确认时间线上的白色滑杆处于视频的开头位置后，单击"+"，选中的音频即可被添加到时间线上（见图3.14）。

图3.10 选中音频后会自动进行播放

图3.11 单击音频右下角的"☆"，
即可对音频进行收藏

图3.12 单击音频右下角的"+"，
即可将音频添加至时间线上

图3.13 被收藏的音频会出现在"收藏"列表中

图3.14 被添加的音频会出现在时间线上

单击空格键或单击"播放器"下方的播放按钮，即可播放当前音频。在右上角音频操作界面中的"基础"列表下，可以对音频的"音量""淡入时长""淡出时长"进行调整（见图3.15）。

图3.15 在音频操作界面中，可以对"音量""淡入时长""淡出时长"进行调整

3.3
时间线上的基本剪辑操作

在剪映中，时间线就是对素材进行创作的平台，我们需要在时间线上对素材做精细的调整。

上一节我们已经为视频添加了一段时长为31秒的音频，但视频素材的总时长为46秒07帧，画面的时长远远超过了音频，如果我们不做调整，就会出现音频在画面还未播放完时就戛然而止的问题。因此我们需要对视频素材进行有效的缩短。

镜头之间的切换对应歌词的切换，声画关系会更为合理。我们就按照该原则，对时间上的视频素材做进一步的精细化调整。

在时间线上选择第一个镜头，将鼠标指针放置在第一个镜头结尾处白色选框的右端，按住鼠标左键并向左拖动即可缩短当前视频素材的显示长度（见图3.16）。播放器左下角显示的蓝色时间"00:00:04:11"代表当前镜头的时长（见图3.17）。浏览后发现，第二个镜头正好对应一句完整的歌词（见图3.18），因此无须再做调整。播放音频后，我们将白色滑杆定位在一句歌词的结尾处，可以发现第三个镜头略短，此时我们将鼠标指针放置在镜头结尾处白色选框的右端，按住鼠标左键并向左拖动至白色滑杆所在的位置进行吸附（见图3.19）。第四个镜头较长，并且还有6号素材和7号素材未添加到时间线上。浏览后发现7号素材的内容很适合添加进来，但它的总时长为49秒，显然也过长，应用我们之前掌握的粗剪方法，节选其中我们需要的片段即可（见图3.20）。将节选后的素材拖动到我们希望添加的位置（见图3.21），此时就可以对第四个镜头进行缩短处理了（见图3.22），缩短之后将7号素材添加至原时间线上的第四个镜头和第五个镜头之间（见图3.23）。浏览发现新添加进来的7号素材过长，我们仍需对其进行缩短处理（见图3.24）。当音频已经播放结束，画面还没有播放完毕，因此最后一个镜头也需要进行调整。我们修改最后一个镜头的结尾，使其略短于音频，这样就可以让视频和音频有一定交错（见图3.25）。

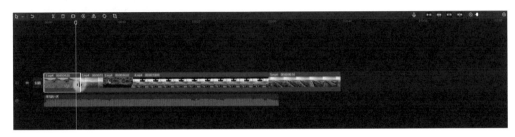

图3.16 在时间线上对第一个镜头做进一步调整

图3.17 蓝色时间代表当前镜头的时长

图3.18 第二个镜头正好对应一句完整的歌词

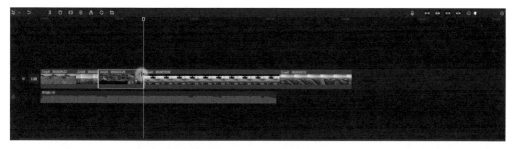

图3.19 调整第三个镜头白色选框的右端，使其吸附至已经定位好的白色滑杆上

图3.20 用粗剪的方法对未添加到时间线上的7号素材进行节选

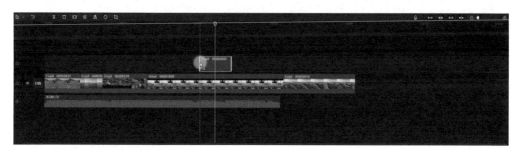

图3.21 将7号素材放置在第四个镜头的上方

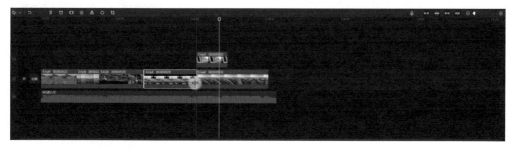

图3.22 对第四个镜头进行缩短处理

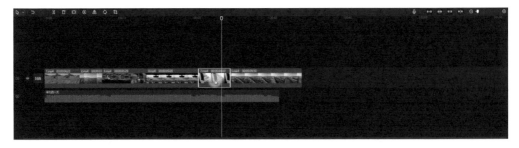

图3.23 将7号素材添加至原时间线上的第四个镜头和第五个镜头之间

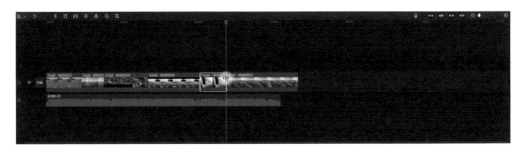

图3.24 对新添加至时间线上的7号素材进行缩短处理

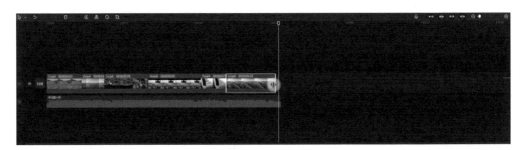

图3.25 让最后一个镜头的结尾略短于音频

再次单击"音频",在右上方的属性面板中对音频进行淡出处理,将"淡出时长"调整至3.7秒(见图3.26),这样音频就会逐渐减弱。至此,我们就完成了对素材的精细化调整。

图3.26 将音频的"淡出时长"设为3.7秒

3.4
片头文字的添加与视频的导出

3.3节我们已经完成了时间线上素材的剪辑，现在我们就可以制作片头了，在片头添加一些标题文字。

单击"文本"，进入文本库，文本库中的"文字模板"为我们提供了多种类型的文字模板（见图3.27），可以根据自己的需求选用。这里我们需要制作片头，就可以去"片头标题"中选择，其中有非常多不同风格的标题样式。本案例我们选择的是"冬日旅行"，单击选中后，播放器中会进行动画效果的展示（见图3.28）。和音频一样，单击文字模板右下角的"☆"，使其变成黄色，便可以对其进行收藏，方便下次使用。

图3.27 文本库提供了大量的文字样式

图3.28 为该案例选择"片头标题"中的"冬日旅行",选中后播放器中会进行动画效果展示

　　选好要用的文字模板后,用鼠标直接将其拖动至时间线上,或单击文字模板右下角的"+",都可以将其添加到时间线上(见图3.29)。添加后可以在播放器中进行预览。在文字模板右侧的属性面板中,可

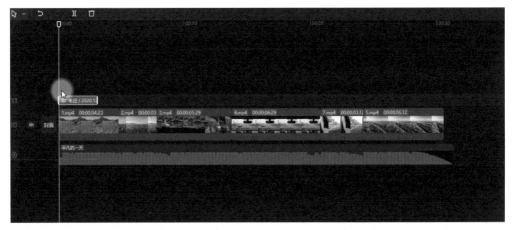

图3.29 将选中的文字模板添加至时间线上

以对文字进行修改,这里我们将"第1段文本"中的"冬日"改为"旅行",将"第3段文本"中的"旅行"改为"印象",并在"第2段文本"中修改日期(见图3.30)。原则上,片头字幕应该正好在第一个镜头中进行全部显示,所以我们可以向右拖动文字模板白色选框的末端,使其与第一个镜头的结尾对齐(见图3.31),这样画面就非常有节奏感了。

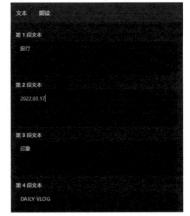

图3.30 在属性面板中,可对文字内容进行修改

图3.31 让文字模板白色选框的末端与第一个镜头的结尾对齐，使其在第一个镜头中完整显示

完成以上制作，就可以对视频进行导出了。在创作界面的右上角单击"导出"（见图3.32）。在第一章我们讲过，首先修改"作品名称"，然后选择将作品导出的位置，分辨率有480P、720P、1080P、2K、4K等多种选项，由于该素材本身是1080P的，我们没有必要将其调高或降低，保持1080P输出即可。如果我们希望视频更精细一些，码率可选择"更高"，当然这样视频也就更大了。为了方便在网络上传输（在微信中传输通常需要在25MB以下），码率可以选择"更低"，如果选择"推荐"，该文件的大小为41MB。编码选择H.264更加通用，格式为MP4以方便传输。如果视频前期拍摄的帧数较高，那么帧率可以选择50fps或者60fps，这里我们选择30fps。设置好参数后单击对话框右下角的"导出"（见图3.33），详细的参数能在导出的过程中看到（见图3.34）。导出完成，单击右上角的"打开文件夹"（见图3.35），就可以找到存储在电脑中的这个短视频作品。

图3.32 单击创作界面右上角的"导出"

图3.33 设置好参数以后即可进行作品的导出

图3.34 设置的导出参数可以在导出的过程中看到

图3.35 导出完成后，单击"打开文件夹"即可找到作品

第4章
·····

文化记录类短视频
——《京城风情》案例

　　音频的处理对于短视频制作至关重要，好的音频可以提升画面的感染力，给观众带来更好的视听感受。另外，画面的合理安排也相当重要，这既包含了对镜头组接顺序的合理安排，也包含对粗剪完成的视频素材进行更细致的调整。好的片头片尾也是不可或缺的，它是短视频的重要组成部分，片头更是短视频的"门面"，我们最好可以在短视频的开头几秒就牢牢抓住观众的注意力。

　　本章我们将以《京城风情》短视频案例为依托，为大家演示、讲解如何利用剪映完成风格音频的导入与修剪、节奏点的设置和调整、音视频融合剪辑、变速与倒放、画面裁剪与素材替换，以及片头片尾的字幕添加与修改。

　　在正式开始学习之前，大家可以先扫描二维码观看一下制作完成的《京城风情》。

4.1

风格音频的导入与修剪

《京城风情》的音乐节奏感非常强烈，画面与音频充分匹配。如何为画面挑选合适的音频，以及如何从一段长音频中截取一小段最适合画面的音频，是我们本节要探讨的主要问题。

进入剪映的创作界面进行素材的导入。找到相应的文件夹，选中需要的素材后单击"打开"，完成素材的导入（见图4.1）。快速对导入的素材进行浏览，然后判断用什么类型的音频适配画面。

图4.1 导入需要的素材

导入素材后，单击创作界面左上角的"音频"，进入音频库（见图4.2）。如果你想要的音频风格无法在"音乐素材"中找到具体的分类，那么你可以用关键词进行检索。以该视频为例，我们应选择带有古风色彩的风格化音频来适配主题，在搜索栏中输入"古风大气"等关键词，下方就会自动出现具有相应风格的音频（见图4.3）。试听后找到自己想要的音频，单击下方的"+"，即可将音频添加到时间线上（见图4.4）。

图4.2 单击"音频",进入音频库

图4.3 在音频库中，可以根据自己的需求用关键词进行检索

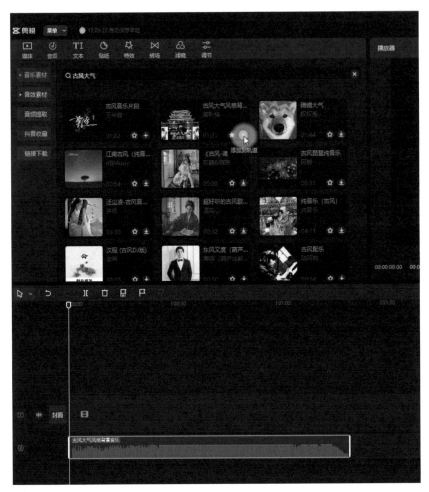

图4.4 试听后找到自己想要的音频，单击下方"+"，将音频添加到时间线上

　　音频选择完成后，我们经常会面临音频比视频长的情况，因此还需要对音频进行有效的截取。

　　我们可以先试听一下整段音频，通常音频的高潮部分节奏感比较强、比较精彩。截取的方法是将鼠标指针放置在音频的开头部分，放置之后会出现白色选框，按住鼠标左键将白色选框向右拉到我们需要的开头位置（见图4.5），再将鼠标指针放置在音频的结尾部分，将白色选框向左拉到我们需要的结尾位置（见图4.6）。截取好后调整音频的位置，使其与画面对应（见图4.7）。

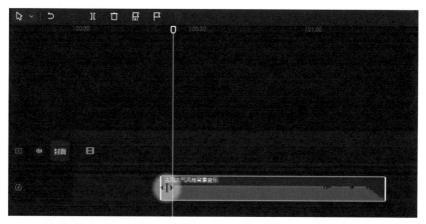

图4.5 将鼠标指针放置在音频的开头部分，会出现白色选框，按住鼠标左键将白色选框向右拉动即可调整音频的开头位置

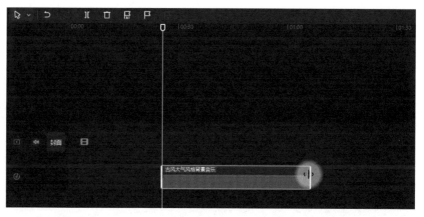

图4.6 将鼠标指针放置在音频的结尾部分，将白色选框向左拉动即可调整音频的结尾位置

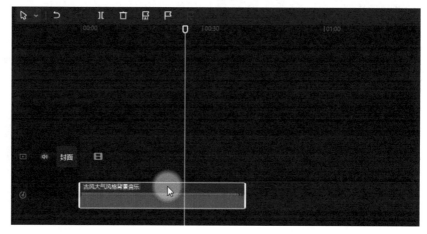

图4.7 截取好音频后调整音频的位置，使其与画面对应

4.2
设置音频的节奏点

完成了音频的截取后，我们就要对音频进行节奏点的标记了。音频的节奏点是短视频剪辑中素材选取和镜头组接的节奏参照，因此我们在对视频进行精细的剪辑前需要先设置好音频的节奏点。本节我们将介绍如何自动设置音频的节奏点以及调整音频节奏点的方法。

在开始设置之前，可以先听一遍音频，你会发现音频中有一些符合规律的重音点位，我们将这些符合规律的重音点位称为节奏点。只要是剪映音频库中自带的音频，都可以自动设置节奏点。

具体的操作方法是，选中音频后，单击"自动踩点"（见图4.8），会出现"踩节拍Ⅰ"和"踩节拍Ⅱ"（见图4.9）。单击"踩节拍Ⅰ"，电脑就会自动标记出大的节奏点（见图4.10）；单击"踩节拍Ⅱ"，则可以自动标记出比"踩节拍Ⅰ"更密集的小节奏点（见图4.11）。这是电脑按照音乐的节奏进行的统一标记。

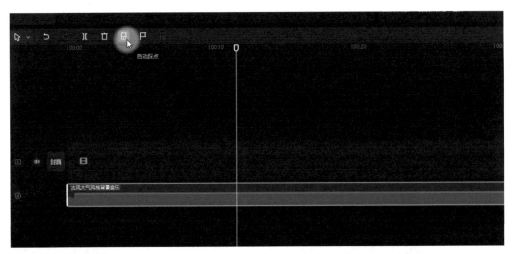

图4.8 单击"自动踩点"

如果你觉得这些节奏点之间的距离比较小，难以操作，还可以通过时间线右上角的"时间线放大"将节奏点放大显示（见图4.12），放大显示后的节奏点间距更大，便于我们进行其他调整（见图4.13）。

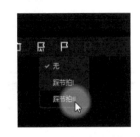

图4.9 "自动踩点"列表下有
"踩节拍Ⅰ"和"踩节拍Ⅱ"

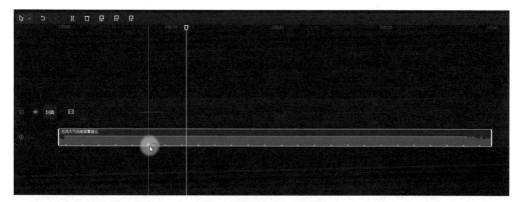

图4.10 单击"踩节拍I",电脑自动标记出大的节奏点

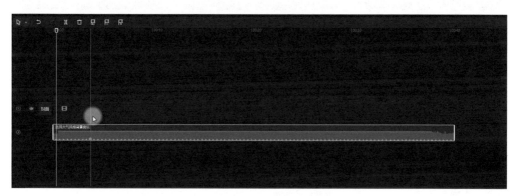

图4.11 单击"踩节拍II",电脑按照音符的节奏标记出更密集的小节奏点

图4.12 单击"时间线放大",可以将节奏点放大显示

图4.13 放大显示后的节奏点间距更大,便于操作

如果设置好的节奏点中有某一个点位是你不需要的，可以用鼠标将白色滑杆放置在该点位上，单击"删除踩点"即可将其删除（见图4.14）。如果需要添加节奏点，可以用鼠标将白色滑杆放置在相应位置，单击"手动踩点"进行添加（见图4.15）。"清空踩点"（见图4.16）的作用则是将当前标记好的节奏点全部清空。

图4.14 "删除踩点"图标

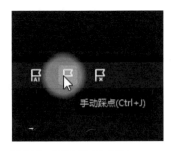

图4.15 "手动踩点"图标

图4.16 "清空踩点"图标

4.3

音视频融合剪辑

视频画面与音频的节奏点同步出现或消失，会带给观众更强烈的视听冲击。设置好音频的节奏点以后，我们就要让画面与节奏点更好地对应，做到声画结合。另外，在让画面与节奏点对应的过程中，调整素材的一些操作技巧也是我们本节学习的重点。

回到剪映的创作界面，当音频的节奏点被标记好以后，我们就可以根据自己的设想去对应画面了。声画节奏的转换原则是画面的转换要配合上音频的节奏，以使声音和画面节奏协调。以该视频为例，现在我们就可以对视频进行粗剪了。

第一个镜头我们选用13号素材，选好后要对素材进行有效的节选，而不是全部使用。我们节选13号素材中一段长度大概为7秒的阳光普照的片段（见图4.17），选好后用鼠标将其拖动到时间线上。可以看到节选后的片段占据了5个完整的节奏点，但不足6个（见图4.18），此时我们就需要调整素材的白色选框，让该片段的结尾与第五个节奏点对齐（见图4.19）。这样做的话，这段素材的结束也是下一段素材的开始，可以让两个画面在同一节奏点上形成切换。

图4.17 对13号素材进行有效节选

图4.18 节选好的素材片段占据了5个完整的节奏点

图4.19 将白色选框的右端向左拖动，使该片段的结尾与第五个节奏点对齐

　　用同样的方法，第二个镜头我们选择2号素材，节选电线杆从画面左侧向右运动直至移出画面的片段（见图4.20），将其添加至时间线上，调整后使该片段占据1个完整的节奏点（见图4.21）。

图4.20 对2号素材进行有效节选

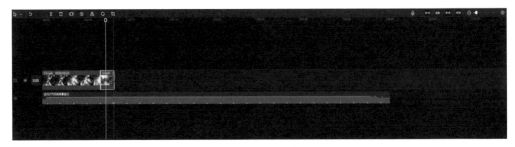

图4.21 将白色选框的右端向左拖动，使该片段的结尾与第六个节奏点对齐

第三个镜头选用15号素材，节选游船从右侧进入画面的3秒片段（见图4.22），将其添加至时间线上。该片段占据的不是完整的2个节奏点，拖动白色选框的右端使其向右延伸，直至该片段的结尾与第八个节奏点对齐（见图4.23）。

图4.22 对15号素材进行有效节选

图4.23 将白色选框的右端向右拖动，使该片段的结尾与第八个节奏点对齐

第四个镜头再次选择2号素材，节选其中一段大概4秒的故宫石狮旋转的片段（见图4.24），将其添加至时间线上。该片段同样没有对应到完整的节奏点，我们对其进行修剪，使其结尾对齐第十二个节奏点（见图4.25）。

图4.24 再次节选2号素材

图4.25 将白色选框的右端向左拖动，使该片段的结尾与第十二个节奏点对齐

第五个镜头选择5号素材，节选一段大概6秒有阳光的片段（见图4.26），将其添加至时间线上并对结尾进行调整，使其与节奏点对齐（见图4.27）。

图4.26 对5号素材进行有效节选

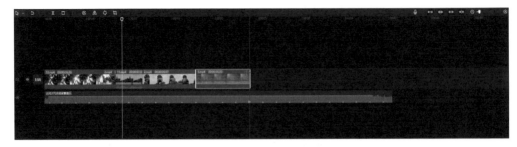

图4.27 将白色选框的右端向右拖动，使该片段的结尾与第十六个节奏点对齐

第六个镜头节选8号素材（见图4.28），节选好需要的片段后，将其添加至时间线上并对片段的结尾进行调整，使其与第十九个节奏点对应（见图4.29）。

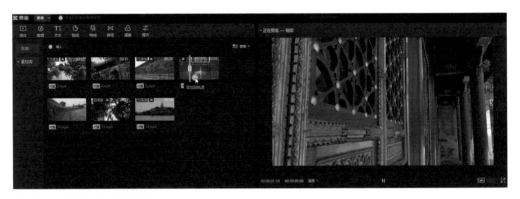

图4.28 对8号素材进行有效节选

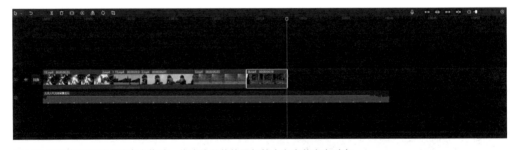

图4.29 将白色选框的右端向左拖动，使该片段的结尾与第十九个节奏点对齐

第七个镜头选择4号素材（见图4.30），节选好需要的片段后，将其添加至时间线上并对片段的结尾进行调整，使其与第二十三个节奏点相对应（见图4.31）。

图4.30 对4号素材进行有效节选

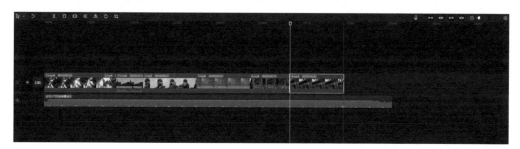

图4.31 将白色选框的右端向左拖动，使该片段的结尾与第二十三个节奏点对齐

最后，第八个镜头选择10号素材（见图4.32），节选后添加至时间线上并调整该片段的结尾，让画面的总时长短于音频，这是为了留出一定的空间，以便我们后面做调整（见图4.33）。

图4.32 对10号素材进行有效节选

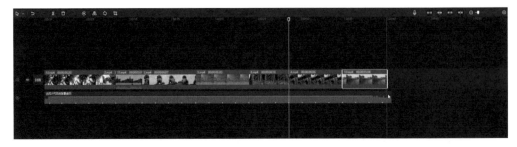

图4.33 让画面的总时长短于音频，以便后续调整

　　完成后，要检查一下是否每一个镜头的切换处都对应上了音频的节奏点。这样粗剪后的视频，镜头和镜头之间的切换会具有节奏感，画面和音频之间会产生律动，这就是音视频融合剪辑的方法。

4.4
变速与倒放

　　本节讲解的知识点是时间线上素材的常规变速，变速是指我们可以让某段素材的播放速度变快或变慢。另外，我们还可以将素材进行倒放。下面就详细展示一下具体是如何操作的。

　　首先看一下素材的变速是如何设置的。回到粗剪完成的时间线上，可以发现第二个镜头（2号素材）只有很短的执行秒数，目前仅占据一个节奏点，以正常速度播放，该素材无法持续到第二个节奏点的位置，如果我们想让它持续播放两个节奏点，可以尝试执行慢放操作。选中当前的素材，单击界面右上方属性面板中的"变速"（见图4.34）。视频播放的常速是1.0x，如果将倍数设置得比常速略低，那么播放速度就会比常速慢。当我们将倍数由1.0x修改为0.7x（见图4.35）后，这段素材正好匹配到了两个节奏点。同理，如果将倍数

图4.34 找到界面右上方属性面板中的"变速"，可以通过参数设置将素材快放或慢放

设置得比常速高，那么素材的播放速度就会比常速快。比如第七个镜头（4号素材），原画面的节奏过于缓慢，可以选中素材，在右上方属性面板中找到"变速"，将倍数由1.0x修改为2.0x（见图4.36）。这里需要注意的是，调整后的素材结尾也要匹配到相应的节奏点。

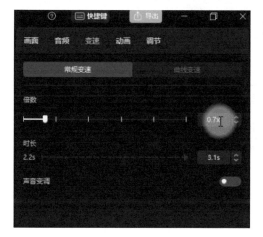

图4.35 将倍数由1.0x修改为0.7x，形成比常速慢的播放效果

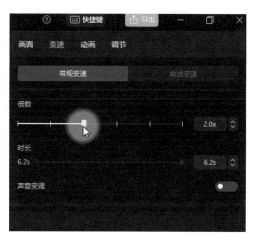

图4.36 将倍数由1.0x修改为2.0x，形成比常速快的播放效果

　　除了对素材进行播放速度上的调整，我们还可以根据镜头之间的变化对画面中主体运动的方向进行一些调整，例如倒放。以第四个镜头（2号素材）为例，原素材中石狮是从画面的右侧向左侧运动的（见图4.37），为了使该镜头与下一个镜头的衔接更连贯、更流畅，我们可以尝试将这段素材进行倒放。具体的操作方法是，选中素材后，单击鼠标右键，在出现的列表中选择"倒放"（见图4.38），系统会自动进行处理。倒放后石狮运动的方向变为了从左向右（见图4.39）。

图4.37 在原素材中，石狮运动的方向为从右向左

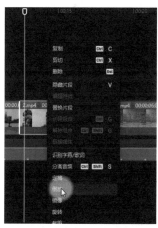

图4.38 选中素材后单击鼠标右键，选择列表中的"倒放"

图4.39 倒放后，石狮运动的方向变为了从左向右

4.5
画面裁剪与素材替换

在本节中，我们将重点介绍如何对素材的画面进行一些基本的调整，如旋转、缩放等，以及如何在不改变时间线长度的情况下快速、有效地替换某一段素材。

第五个镜头（5号素材）的原始画面有些歪（见图4.40），我们需要对这个画面进行一些调整。首先选中该素材，找到界面右上方属性面板中的"画面"—"基础"—"位置大小"—"旋转"，让画面旋转-2°（见图4.41）。旋转后画面的边缘可能会露出一些黑角，因此我们还需要对画面进行适当放大，单击属性面板中的"画面"—"基

图4.40 素材的原始画面是倾斜的

础"—"位置大小"—"缩放"，将画面放大至105%（见图4.42），直到黑角全部消失。这样的调整能使画面变得相对水平，达到修正画面歪斜的目的，弥补前期素材拍摄的一些不足。

图4.41　单击属性面板中的"画面"—"基础"—"位置大小"—"旋转"，让画面旋转-2°，可以对歪斜的水平线进行适当较正

图4.42　单击属性面板中的"画面"—"基础"—"位置大小"—"缩放"，将画面放大至105%，可以让旋转后产生的黑角消失

　　如果在操作的过程中想要替换掉时间线上的某段素材，但又不想重新编辑该镜头，应该如何操作呢？这里我们以第三个镜头（15号素材）为例进行说明。选中该素材，单击鼠标右键，在出现的列表中单击"替换片段"（见图4.43），找到新素材，此处我们选择3号素材，单击右下角的"打开"（见图4.44）。这里需要注意，第三个镜头我们之前已经设置好了时长，用于替换的新素材也只能使用相同

的时长，所以我们需要对新素材进行节选。将鼠标指针放在白色选框中，按住鼠标左键并向左或向右拖动，找到要节选的片段，然后单击右下角的"替换片段"即可（见图4.45）。这样在时间线上，原本的游船素材就被成功替换成了杨柳波光的新素材，而且这个镜头的时长也没有发生改变，用这种方法替换素材非常简便有效。

图4.43 选中素材后单击鼠标右键，在出现的列表中单击"替换片段"

图4.44 单击"替换片段"，找到想要替换新素材后，单击右下角的"打开"

图4.45 将鼠标指针放在白色选框中，按住鼠标左键向左或向右拖动，找到要节选的片段后，单击"替换片段"

4.6
片头片尾的字幕添加与修改

完成了对短视频音频和画面的剪辑后，就可以为短视频的开头和结尾添加字幕了。本节将重点介绍短视频片头片尾字幕的添加和修改方法。

首先在创作界面的左上角单击"文本"，进入文本库（见图4.46）。如果想为短视频的片头添加字幕，可以在"文字模板"中找到"片头标题"，在其中选择与短视频内容适配的文字模板，这里选择的是"小城故事"（见图4.47）。选好后按住鼠标左键直接将文字模板拖到时间线上，或者单击模板右下角的"+"将其添加到时间线上。第3章我们提到过，片头字幕原则上应该在第一个镜头中完整显示，所以拖动文字模板白色选框的尾端，使其与第一个镜头的结尾对齐（见图4.48）。

图4.46 单击"文本"，进入文本库

图4.47 在"文本"—"文字模板"—"片头标题"中,选择"小城故事"模板

图4.48 拖动文字模板白色选框的尾端,使其与第一个镜头的结尾对齐

接下来,我们需要对文字模板的内容进行修改。在界面右上角的文本框中,将"小城故事"改为"京城风情"。英文也应进行对应的修改,将"stories in small town"改为"stories in Beijing"(见图4.49),这样片头字幕就制作完成了。这里要说明一点,模板中的中英文文字内容是可以修改的,但字体无法修改。

图4.49 在界面右上角的文本框中可以对文字模板的内容进行修改

为短视频的片尾添加字幕也是同理，在"文本"—"文字模板"—"片尾谢幕"中挑选合适的文字模板（见图4.50），将其添加到时间线上。在4.3节我们讲过，要在视频的结尾处留有一定的空间，让画面的总时长短于音频，此时我们就可以利用这个空间来修正片尾文字模板的显示长度，让片尾字幕的开始处与画面的结尾对齐，而片尾字幕的尾端与音频的结尾对齐（见图4.51）。

　　注意，这里我们还需要处理一下音频。选中音频后，在右上角的属性面板中调整"淡出时长"，将"淡出时长"设置为3.8秒，就可以让音频配合片尾字幕缓慢结束了（见图4.52）。同样，如果需要对文字模板的内容进行修改，在界面右上角的文本框中进行修改即可。

图4.50 在"文本"—"文字模板"—"片尾谢幕"中，选择"明天依旧光芒万丈"模板

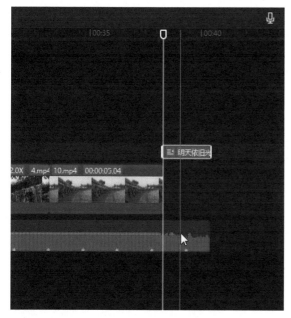

图4.51 修正片尾文字模板的显示长度，使其开头与画面结尾处对应，使其结尾与音频结尾处对应

图4.52 对音频的"淡出时长"进行调整，使其配合片尾字幕缓慢结束

第5章
•••••

无人机航拍短视频
——《壮丽黄河》案例

　　本章将以《壮丽黄河》为案例，带领大家一起了解无人机航拍视频的剪辑。这是一个相对完整的短视频作品，有镜头的组接和连贯的转场，有背景音乐的完美配合，画面的色彩也非常有质感，作品整体很有气势，给人比较震撼的视听感受。

　　我们将按照剪辑的流程来逐步分析这个案例。首先介绍素材的导入与粗剪。前几章跟大家介绍了如何导入并处理剪映音频库中自带的音频，本案例我们将从外部导入音频，详细讲解如何对外部导入的音频进行节奏点的手动设置与调整。还将介绍如何对视频素材进行精剪，让镜头的切换与音频的节奏相匹配，从而赋予作品更合理的节奏感。除此之外，本案例还涉及对素材进行常规变速及自由变速，运镜转场及常规转场的使用，片头及片尾文字的添加与调节，以及常规调色和自定义调节的应用等内容。

　　在正式进入剪辑流程之前，大家可以先扫码观看一下剪辑完成的《壮丽黄河》。

5.1

素材的导入与粗剪

本节我们将探讨如何在视频素材导入的时候运用一些技巧；另外，在素材的选择与粗剪的方法上，也会针对一些难点和重点进行解读。

打开剪映之后，单击"开始创作"，进入剪映的创作界面。单击"导入"，找到《壮丽黄河》相关的素材文件，进行全选。注意，素材文件夹里包含了一个音频文件（见图5.1）。在前两章中，我们为大家演示的都是如何为视频添加剪映音频库中自带的音频，而在本案例中，我们为大家演示的是如何为视频添加外部导入的音频。

图5.1 素材文件夹中包含16个视频文件和1个音频文件

导入素材之后，我们需要对素材进行挑选和排序，因为每一段素材都很长，而实际上剪辑完成的作品总时长只有一分钟左右，所以我们还需要对每一段素材进行粗剪，使其能够更好地组成一部完整的作品。

第一个镜头选用2号素材。这段素材的时长有一分钟，我们节选其中几秒的内容即可。还是用我们之前讲到的方法，利用鼠标调整蓝色选框，分别定位素材的开头和结尾，完成之后就可以把这段素材拖动到时间线上了（见图5.2）。节选后的素材时长为7秒左右，也就是说需要我们在一分钟的内容里面找到最精彩的7秒左右的片段，这考验的就是我们的粗剪能力了。

图5.2 第一个镜头节选了2号素材中的一段内容

第二个镜头选用3号素材。我们还是要选择这段素材里最好看、最震撼的一段内容。除了利用鼠标调整蓝色选框来确定素材的开头和结尾外，我们也可以利用快捷键对素材进行快速节选。选中素材，在起点的位置单击，会出现一条黄色滑杆，按下粗剪起始帧的快捷键"I"，在终点的位置再次单击，按下粗剪结束帧的快捷键"O"，即可完成节选（见图5.3）。第二个镜头依然节选了一段7秒左右的片段，节选完成后把这段素材拖动到时间线上。

图5.3 第二个镜头节选了3号素材中的一段内容

第三个镜头选用7号素材。依然是找到你认为这段素材中最好看的一小段内容进行有效截取（见图5.4），节选后将其拖动到时间线上。

图5.4 第三个镜头节选了7号素材中的一段内容

第四个镜头选用6号素材。定位素材的起点和终点，这个镜头我们节选一段时长为5秒左右的片段（见图5.5），节选后将其拖动到时间线上。

图5.5 第四个镜头节选了6号素材中的一段内容

第五个镜头选用1号素材。浏览后节选最吸引人的一段画面（见图5.6），将其拖动到时间线上。

图5.6 第五个镜头节选了1号素材中的一段内容

第六个镜头选用8号素材。节选其中有震撼力的俯视黄河的大场景片段（见图5.7），将其添加到时间线上。

图5.7 第六个镜头节选了8号素材中的一段内容

第七个镜头选用9号素材。上一镜头有了远景别的画面，我们现在可以让镜头进行一些推进，节选一些细节的场景（见图5.8），将其添加到时间线上。

图5.8 第七个镜头节选了9号素材中的一段内容

第八个镜头选用12号素材。节选其中一些有位移和运动变化的片段（见图5.9），将其添加至时间线上。如果素材的画面中具有一些运动的态势和变化，就会很有动感，在后续的制作中也能够更好地跟音频匹配。

图5.9　第八个镜头节选了12号素材中的一段内容

　　第九个镜头还是选用9号素材。节选其中一个片段（见图5.10），完成之后将其拖动到时间线上。

图5.10　第九个镜头节选了9号素材中的一段内容

　　至此，我们已经把需要的素材全部节选出来，并在时间线上进行了排序，粗剪后的视频时长为1分12秒左右。还有一部分素材未在该案例中使用，大家可以将其当成拓展训练的素材。

5.2

节奏点的手动设置与调整

当我们完成了素材的导入与粗剪后，就要对音频进行导入和处理了。前面的内容已经跟大家介绍了如何对剪映音频库中自带的音频进行节奏点的设置，但是当我们从外部导入音频时，就没有自动设置节奏点的选项了，所以我们只能手动将节奏点标记在时间线上。本节我们继续以《壮丽黄河》为例，为大家演示节奏点的手动设置方法。

从外部导入的音频往往比较长，在5.1节进行素材导入时，我们同时导入了一个时长为4分05秒的音频，但实际上我们只需要用到1分钟左右的音频，所以首先我们需要对音频进行有效的截取。试听后，我们将音频的节选起始点定位在音频的开头位置，将节选的结束点定位在音频1分27秒左右的位置（见图5.11），节选完成后将其拖到时间线上。音频拖入时间线后还需要做一些细微的调整，例如在这个案例中，音频的开头有一小段空白（见图5.12），所以我们需要将该部分截掉，使修剪后音频的开头与视频的开头完全对齐（见图5.13）。

图5.11 定位节选的起始点和结束点，对音频进行有效的节选

图5.12 音频开头的空白需要删除

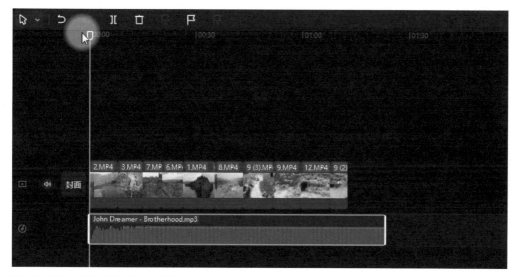

图5.13 让修剪后的音频开头与视频的开头完全对齐

接下来，我们就可以对外部导入的音频进行节奏点的手动标记了。由于是从外部导入的音频，自动踩点功能失效，但是在"自动踩点"图标右侧还有一个"手动踩点"图标（见图5.14）。试听音频的时候，可以明确听到一个个重音点，随着音频的播放，我们可以将这些重音点作为节奏点进行手动标记（见图5.15）。有人可能会说，听到后面就听不出重音点了，其实听不出来也没关系，现在基本都是数字音乐，节奏点的间距都是很标准的，只要与前面已经标记好的节奏点保持一致的间距进行标记即可。

图5.14 从外部导入的音频无法进行自动踩点，我们可以在灰掉的"自动踩点"图标右侧找到"手动踩点"图标

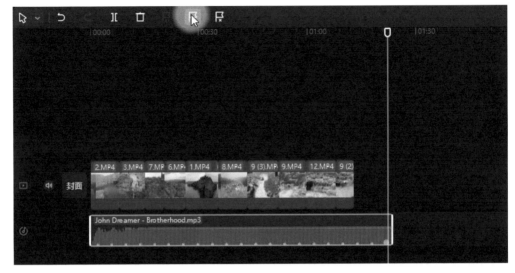

图5.15 将音频的重音点作为节奏点进行手动标记

手动设置的节奏点往往还需要进行一些修改和调整。如果你觉得某个已经标记好的节奏点的位置不是很理想，需要进行修改，可以将白色滑杆移动到你认为合适的位置，单击"手动踩点"进行选择；如果想要删除某个之前已经标记好的节奏点，可以将白色滑杆放置在该节奏点的位置，节奏点会自动放大，再单击"删除踩点"（见图5.16）。如果误删了节奏点，可以通过快捷键"Ctrl+Z"对其进行还原。

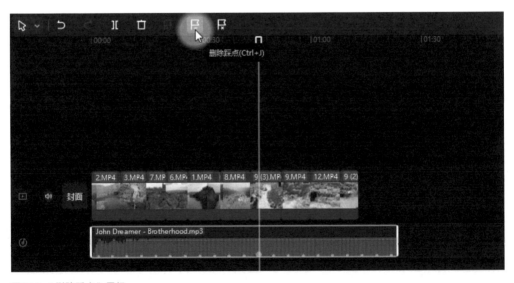

图5.16 "删除踩点"图标

需要注意的是，"清空踩点"（见图5.17）用于将节奏点全部清除重做，要慎重使用。

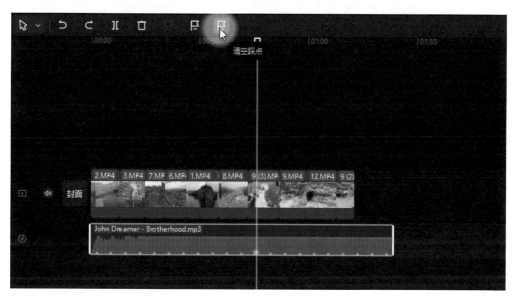

图5.17 "清空踩点"图标

5.3
声画结合剪辑

　　本节我们重点讲解如何结合已经标记好的节奏点对视频素材进行精剪。前面我们已经讲过，音视频融合剪辑的要点是让视频素材中每一个镜头的结束位置与标记好的节奏点对齐，这样镜头的切换就与音频的节奏匹配，作品就有了节奏感。

　　原则上，一个镜头占用2个节奏点，比如第一个镜头（见图5.18）。当然，如果素材比较长，也可以一个镜头占用3个及以上节奏点，比如第三个镜头（见图5.19）。后面的镜头同理，根据素材的长度调整镜头结尾的位置，要保证每一个镜头的切换都匹配上音频的节奏（见图5.20）。这就是结合节奏点对视频素材进行精剪的过程。

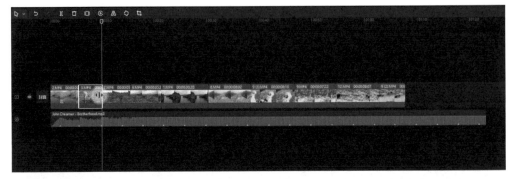

图5.18 较短的镜头，可以完整地占用2个节奏点

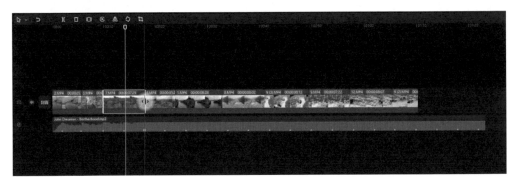

图5.19 较长的镜头则可以完整地占用3个及以上节奏点

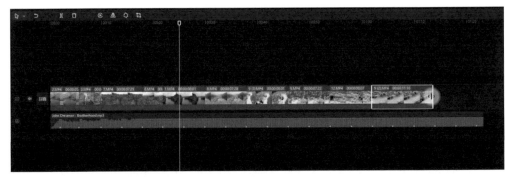

图5.20 依次调整每一个镜头，确保每一个镜头的切换都匹配音频的节奏

5.4
素材常规变速的应用

在剪映中，我们可以对素材进行快放或慢放，本节我们就来讲解一下素材变速的一些基本操作和应用。另外，素材变速与节奏点的对应关系也是我们在本节要探讨的话题，怎样才能更有节奏感地进行变速，而不是盲目地进行，其中的技巧也将借《壮丽黄河》案例为大家解读。

5.3节我们已经完成了对视频素材的精剪。剪辑完成之后我们往往会发现，常规的素材播放速度过于缓慢，会影响作品的节奏。如果希望素材能够产生播放速度上的变化，可以在剪映中进行相应的调节。

首先，在时间线上选中要调整的镜头，这里我们以第一个镜头为例。在右上方的属性面板中单击"变速"（见图5.21）。正常的播放速度对应的倍数为1.0x，数值越高，播放速度越快，如果将倍数设置为2.0x，素材播放速度就加快了一倍。可以看到，将倍数设置为2.0x后，素材播放速度虽然加快了一倍，但时长变短了（见图5.22）。此时我们还是要将镜头的结尾与节奏点进行匹配，所以需要再次对素材的结束位置进行调整，使其与节奏点对齐（见图5.23）。这样不仅可以实现素材的变速，让画面更加流畅，同时又不会影响到视频的整体节奏。

图5.21 在属性面板中单击"变速"

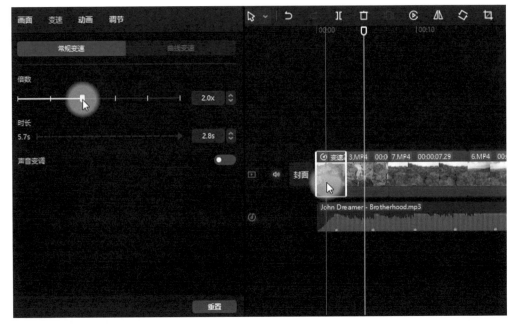

图5.22 将倍数设置为2.0x后，素材播放速度加快了一倍，但时长变短了

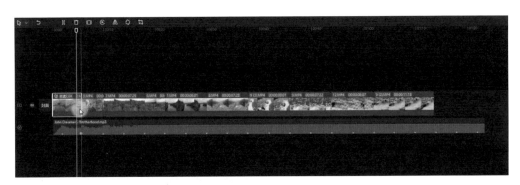

图5.23 对素材进行变速后，需要重新调整镜头的结束位置，保证镜头的切换与节奏点匹配

对于第二个镜头、第三个镜头、第四个镜头，我们用同样的方法，将倍速都设置为2.0x并对素材的结束位置进行调整，使镜头的切换匹配已经标记好的节奏点（见图5.24）。

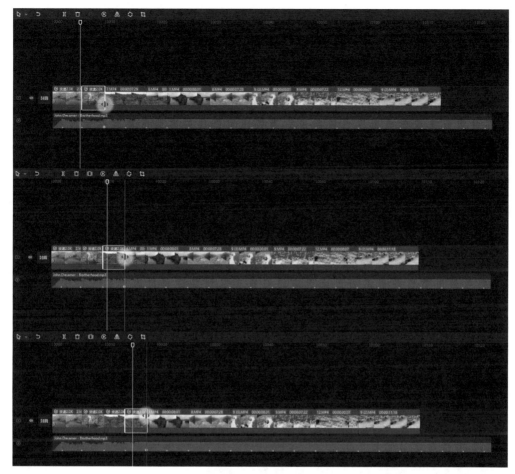

图5.24 将第二个镜头、第三个镜头、第四个镜头的倍数设置为2.0x，同时调整镜头的结束位置，使其与节奏点对应

如果我们想让素材播放得慢一些，比如第七个镜头中黄河的水流得慢一些会比较好看，同样可以调整变速的倍数，倍数的数值越小，播放速度越慢。需要注意的是，我们不能随意将素材的播放速度变慢，倍数的设置要恰当，如果过小，视频会出现卡顿现象。这里我们将第七个镜头的倍数设置为0.8x（见图5.25），同时再次让它与节奏点对应（见图5.26）。大家可以尝试在其他素材中应用此技巧，来实现素材播放速度的调节。

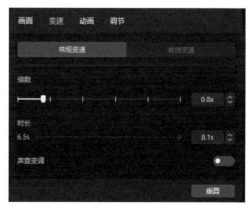

图5.25 将第七个镜头的倍数设置为0.8x，实现慢放效果

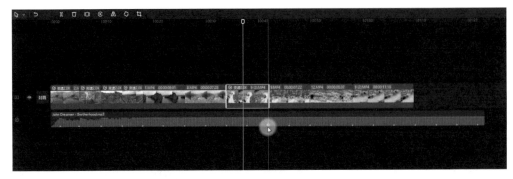

图5.26 调整镜头的结束位置，使其与节奏点对应

5.5
自由变速的多种应用

　　5.4节我们探讨了素材的常规变速，即慢放和快放的应用，本节将为大家深入介绍自由变速的操作和应用技巧。

　　常规变速有时并不能满足我们对节奏感和画面感的要求，比如在第五个镜头中，无人机的飞行比较单调，我们希望能够在播放速度上进行一些改变，这时就可以考虑使用曲线变速。

　　单击右上方属性面板中的"变速"—"曲线变速"（见图5.27），其中有一些选项，比如"蒙太奇"。我们以第五个镜头为例，选中素材后单击"蒙太奇"，会出现一条默认的变速调整曲线（见图5.28）。曲线升高的部分代表倍数的数值会变大，也就是播放速度会变快，左上角标注了"10x"，代表播放速度逐渐从常速变到了接近10x的速度。曲线下降的部分代表倍数的数值会变小，即播放速度会变慢，代表视频会从接近10x的播放速度迅速降到接近0.1x的播放速度。然后，播放速度会逐渐回归到常速。

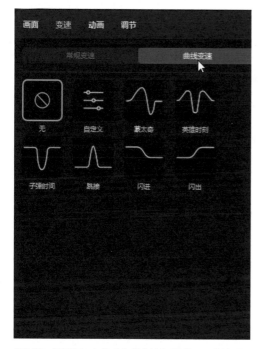

图5.27 "变速"中的"曲线变速"提供了一些选项

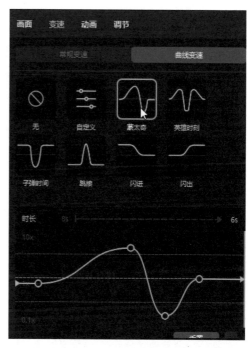

图5.28 选中素材后单击"曲线变速"中的"蒙太奇",会出现一条默认的变速调整曲线

让视频按照当前的变速调整曲线进行播放,可以看到视频的播放是一个突然加速后又突然降速的过程,很不流畅,因此我们需要对曲线进行一些调节。

在5.4节中我们提到,视频的播放速度不能过于缓慢,否则会造成画面的卡顿,所以我们需要调整降速的部分。选中最下方的标记点,将它向上拖动到接近常速的位置。但是这样调整后变速效果就没那么明显了,因此我们可以将最上方的标记点向上拖动到顶部。如果想在一开始就营造出一种突然变速的效果,我们可以将最上方的标记点往左拖动,确定好大致位置之后再做相应的细节调整,调整好的曲线如图5.29所示。调整完成后,记得再次调整镜头的结束位置,使其与节奏点对应。

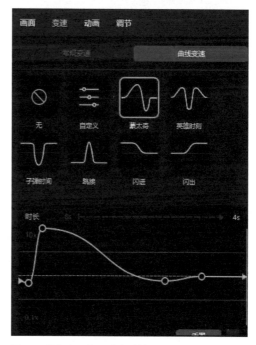

图5.29 根据自己想要的变速效果对曲线进行调整

下面我们以第六个镜头为例，尝试应用曲线变速中的"英雄时刻"（见图5.30）。选中素材后单击"曲线变速"中的"英雄时刻"，从曲线可以看出，它有两次快速的播放速度变化。我们将慢速部分的两个标记点往上拖动一些，再将快速部分的两个标记点拖动到顶部（见图5.31）。调整完成后进行浏览，可以看到变速的效果很好，打破了原素材单调的播放效果，并且能跟音频的节奏匹配。同时素材的结束位置正好就是节奏点的位置，说明素材的切换也是恰到好处。

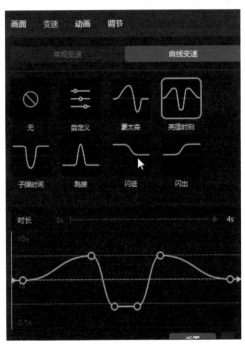 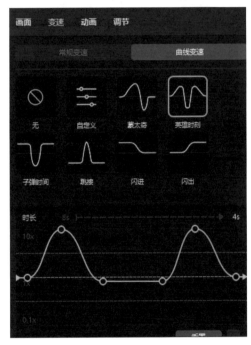

图5.30 "曲线变速"中的"英雄时刻"也有一条默认的变速调整曲线

图5.31 对"英雄时刻"的默认变速调整曲线进行调整

我们以第七个镜头为例，来看一下曲线变速中"闪进"的效果。"闪进"的默认变速调整曲线能带来一种从快速到常速的播放效果（见图5.32）。选中素材后单击"曲线变速"中的"闪进"，将快速部分的标记点向上拖动至顶部（见图5.33），然后浏览变速的效果。最后别忘了调整素材的结束位置，使其对应上节奏点。用同样的方法，对第八个镜头也可以应用"闪进"（见图5.34）。

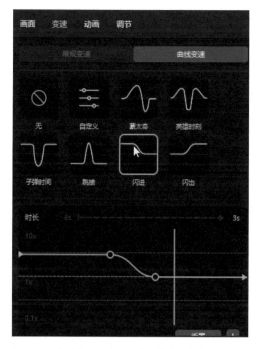

图5.32 "曲线变速"中"闪进"的默认变速调整曲线

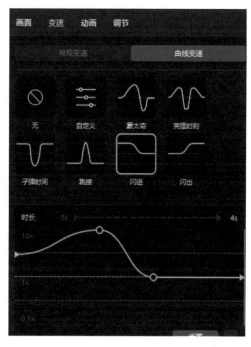

图5.33 选中第七个镜头,对"闪进"的默认变速调整曲线进行调整

接下来,我们对第九个镜头应用曲线变速。第九个镜头中有非常明显的水流,显然应用"闪进"并不合适,所以我们可以尝试应用"闪出"。"闪出"的默认变速调整曲线如图5.35所示,如果让镜头按照默认的曲线播放,效果也不是很好,所以可以进行适当的调节,让快速的部分相对少些,让镜头有一个快速闪出的效果即可,调整后的曲线如图5.36所示。

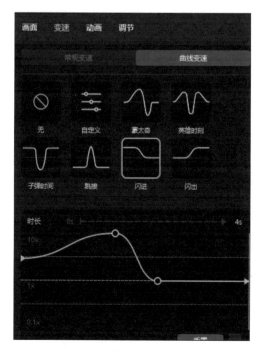

图5.34 对第八个镜头应用"闪进",并对"闪进"的默认变速调整曲线进行调整

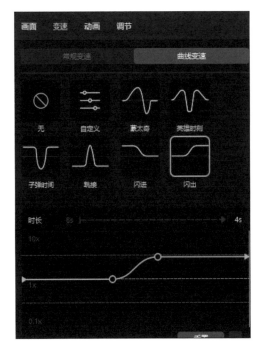

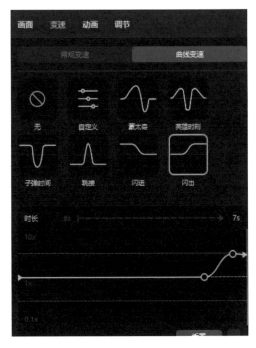

图5.35 "曲线变速"中"闪出"的默认变速调整曲线　　　图5.36 对"闪出"的默认变速调整曲线进行调整

　　曲线变速可以打破素材单调的播放模式，大家不妨尝试应用各种类型的曲线变速，并恰当地调整变速调整曲线，让画面变得更生动、活泼。

5.6

运镜转场的使用

　　两个镜头之间的过渡或转换叫作转场。转场的作用是让两个镜头的衔接更自然，同时也可以产生一些视觉效果。本节我们着重介绍的是运镜转场，包括运镜转场的添加和调节。

　　单击界面左上角的"转场"，其中有很多类型的转场效果供我们选择（见图5.37）。在左侧找到"运镜转场"，"运镜转场"是通过运动变速实现的转场，添加后能增加视频的节奏感，非常符合无人机航拍短视频的运动规律，该案例就比较适合添加"运镜转场"的效果。

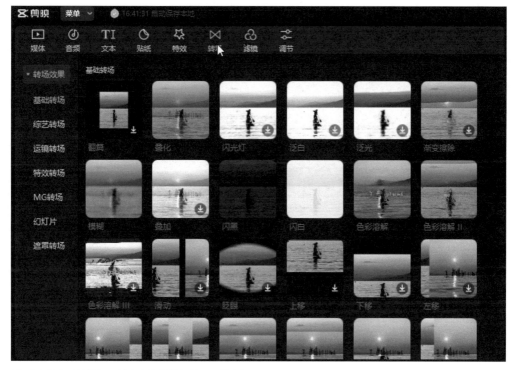

图5.37 单击"转场"，其中有多种转场效果可供选择

在"运镜转场"中选择"推近"，然后将它拖到第一个镜头和第二个镜头之间。这里要注意，转场一定要添加到两个镜头之间，它是无法应用到某个镜头上的。接下来我们在第二个镜头和第三个镜头之间添加一个"拉远"转场，将其拖动到两个镜头之间即可（见图5.38）。添加完后，如果觉得转场的速度很快，希望其持续的时间久一些，就需要对转场的参数进行调节。在界面右上方可以对转场的参数进行调节，默认的转场时长是0.5秒，我们可以将两个转场的时长调整至0.8秒（见图5.39）。此时可以看到，在时间线上，转场的范围也相应变大了（见图5.40）。同样，在第三个镜头和第四个镜头之间添加一个0.8秒的"推进"转场。

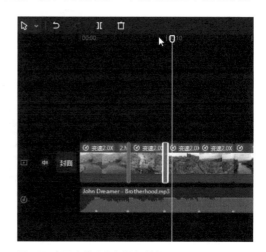

图5.38 在两个镜头之间添加转场

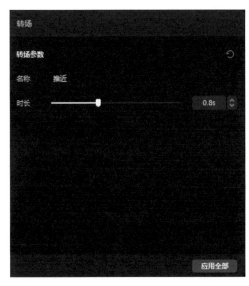

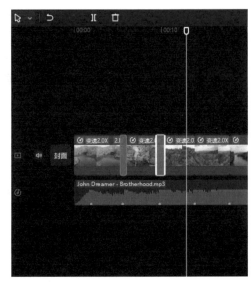

图5.39 在属性面板中，将默认为0.5秒的转场时长调整至0.8秒

图5.40 将转场时长调整至0.8秒后，时间线上的转场范围也相应变大了

　　接下来，我们在第四个镜头和第五个镜头之间添加一个0.8秒的"推近"转场，这次转场的应用效果并不好，因为紧接着的第五个镜头有曲线变速。那怎样删除这个转场呢？选中时间线上的转场后，单击鼠标右键并单击显示的"删除"即可（见图5.41）。"运镜转场"中的"推近"和"拉远"是我们经常会用到的转场，其他转场我们将在其他案例中为大家进行介绍。

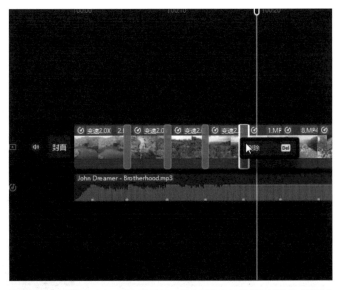

图5.41 在时间线上选中不需要的转场，单击鼠标右键并单击显示的"删除"

5.7

常规转场的使用

5.6节跟大家探讨了运镜转场的使用，本节我们将继续针对《壮丽黄河》案例，为大家讲解一下常规转场的添加与应用。

回到剪映的时间线上，我们已经为前四个镜头添加了一些运镜转场，在其他镜头之间还可以添加一些常规转场，比如在第四个镜头和第五个镜头之间就可以添加一个"叠化"转场（见图5.42），"叠化"转场采用的是两个镜头交替显现的转场方式。单击"转场"，在"基础转场"中找到"叠化"，将它拖到两个镜头之间。同样，可以在右上方的属性面板中将其时长增加至0.8秒（见图5.43）。

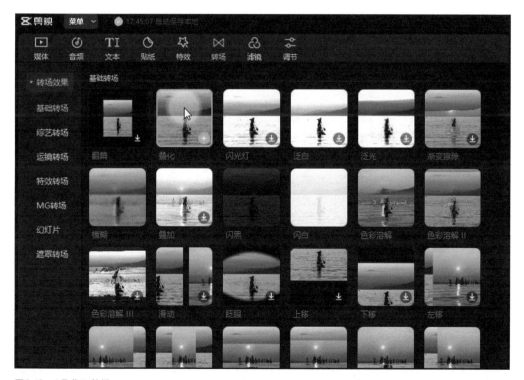

图5.42 "叠化"转场

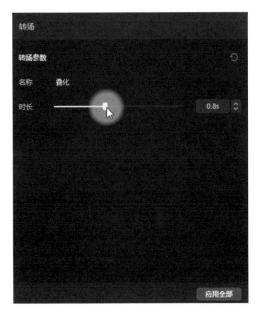

我们如果想要镜头之间一些光效的变化，那么可以采用"泛光"转场（见图5.44），将其放置在第五个镜头和第六个镜头之间，时长设置为0.9秒（见图5.45）。"模糊"转场（见图5.46）也是经常会用到的常规转场，我们把它放置在第六个镜头和第七个镜头之间。一些视频还经常会用到"闪黑"转场（见图5.47），我们可以把它分别添加至第七个镜头、第八个镜头和第九个镜头之间。

需要注意的是，并非所有的镜头之间都需要添加转场，要根据具体的情况去添加。

图5.43 在属性面板中，可以对"叠化"转场的时长进行调节

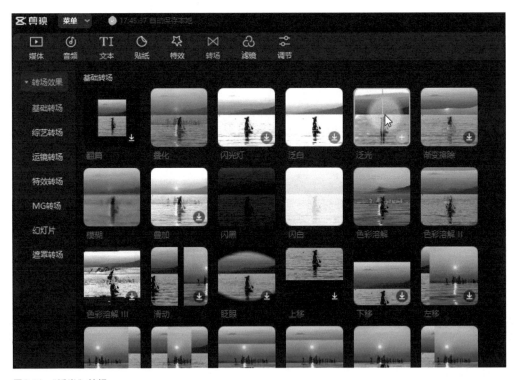

图5.44 "泛光"转场

短视频剪辑基础与实战应用（剪映电脑版）

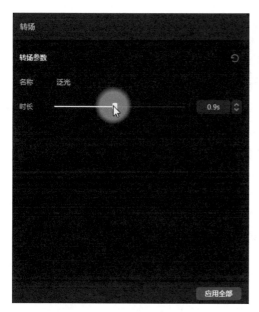

图5.45 将"泛光"转场的时长调整至0.9秒

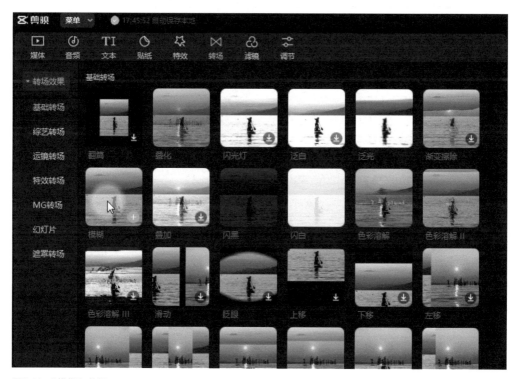

图5.46 "模糊"转场

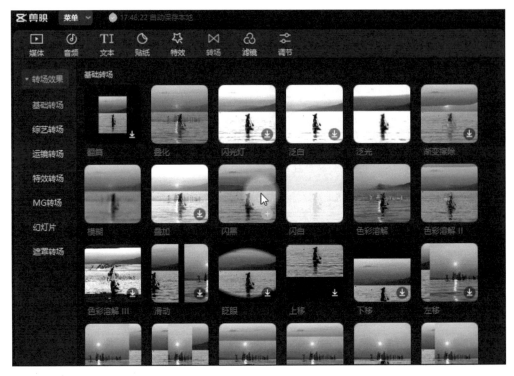

图5.47 "闪黑"转场

除了可以在镜头之间加入转场外，我们也可以在镜头的开始和结束部分应用"动画"中的"入场"和"出场"。前面我们讲过，如果音频突然结束会显得非常生硬，所以我们通常会对音频的结尾做淡出处理，这里我们将"淡出时长"设置为6秒，让音频缓慢结束。同样，在处理视频素材的时候，我们可以在右上方的属性面板中找到"动画"，单击"出场"中的"渐隐"，将动画时长增加至3.7秒（见图5.48），这样就可以让画面逐渐消失，实现逐步变暗的转场效果。

图5.48 在"动画"中找到"出场"，单击"渐隐"，延长动画时长，可以让画面逐渐消失

5.8
音效的添加与修改

大家浏览制作完成的《壮丽黄河》，可以发现镜头与镜头之间存在多种音效，比如在镜头转换时可以听到"呼"的一声，以及类似爆炸的音效。加上这些音效是为了让镜头转换更有魅力，更能吸引观众的注意力。本节我们就来聊一聊音效的添加方法和一些基本的音效剪辑与修正技巧。

在5.7节，我们已经在镜头与镜头之间加入了一些转场，现在就针对这些转场添加一些音效。单击"音频"，找到"音效素材"，音效素材中同样进行了分类，我们要为转场添加音效，所以可以单击"转场"，其中也有相当多的音效，像旋风、换镜头、"呼"的转场音效等都是经常会使用到的，可以单击试听（见图5.49）。

图5.49 "音频"—"音效素材"—"转场"中提供了多种适合添加在转场处的音效

我们将"旋风"音效放置在第一个镜头和第二个镜头的转场处。这里要注意一下音效剪辑的技巧，音效中橘黄色的部分（见图5.50）效果最为强烈，所以要将这部分与转场对齐（见图5.51），这样在镜头切换的时候音效才能起到良好的作用。接下来还可以对音效进行一些微调，将音效白色选框的右端向左拖动（见图5.52），调整音效的长度，以免音效过长。

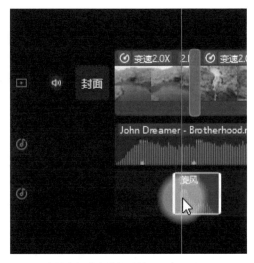

图5.50 音效中橘黄色的部分效果最为强烈

图5.51 将效果最为强烈的部分与转场对齐

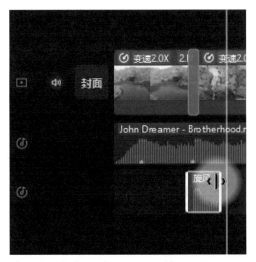

图5.52 调整音效的长度

利用同样的方法，在第二个镜头和第三个镜头之间添加"换镜头"音效。在一个短视频中，同一音效可以多次使用，因此可以再次将"换镜头"音效拖动到第三个镜头和第四个镜头之间，但别忘了让效果最强烈的部分与转场的位置对应（见图5.53）。在第四个镜头和第五个镜头之间添加"突然加速"音效，并对其长度和位置进行调整（见图5.54）。音效库中还有很多音效可以应用，比如"火球爆炸"，我们可以把"火球爆炸"音效应用到第五个镜头和第六个镜头之间，同样是要让效果最强烈的部分对应转场的位置（见图5.55）。再将"旋风2"音效拖动到第六个镜头和第七个镜头之间，如果音效没有橘黄色的部分，可以用音效的最高点对应转场的位置（见图5.56）。

短视频剪辑基础与实战应用（剪映电脑版）

图5.53 添加两次"换镜头"音效，并调整效果最强烈部分的位置，使其与转场对应

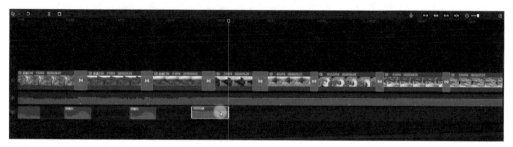

图5.54 在第四个镜头和第五个镜头之间添加"突然加速"音效

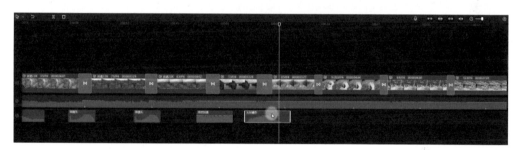

图5.55 在第五个镜头和第六个镜头之间添加"火球爆炸"音效

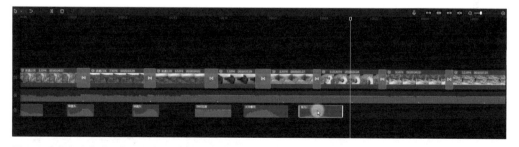

图5.56 在第六个镜头和第七个镜头之间添加"旋风2"音效

当然，不是所有转场都需要添加音效，我们要适当地应用音效。对于剩余的转场，大家可以尝试一下，看看添加什么音效合适。

5.9

文字动画的添加与调节

　　我们已经完成了对每段素材的精剪，也完成了转场及音效的添加，接下来还有一项很重要的工作——标题文字和结尾文字的添加与修改。本节我们就来聊一聊如何调节文字动画，讲解一下标题文字的添加方式和结尾文字动画的调整技巧。

　　首先添加标题文字。之前我们已经讲过一些标题文字的添加方式了，这些方式在本案例中同样适用。单击"文本"，在"文字模板"中选择"片头标题"。根据本视频的主题，我们选用其中的"重庆"文字模板，因为这个模板的文字动画大气且郑重，与黄河的主题契合（见图5.57）。

图5.57 选用"重庆"文字模板

　　因为是片头标题，所以我们将选中的文字模板拖动到时间线的开头，将白色选框稍微拉长一些，调整文字显示的时长（见图5.58）。添加完成之后，还需要对内容进行更改。在右上方的属性面板中，将第一段文本中的"重庆"改为我们的案例名称"壮丽黄河"，将第二段文本改为"壮丽黄河"的拼音，让文字和拼音形成完整的呼应（见图5.59）。

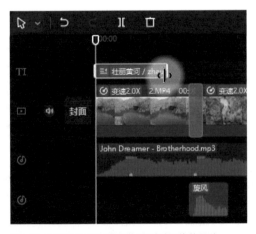

图5.58 将选中的文字模板拖动到时间线的开头

图5.59 修改文字模板中的内容

我们可以通过调整文字选框四角的调整点对文字进行放大或缩小，选中文字后拖动还可以移动文字。这里我们将文字缩小一些，并让它靠上方一些，配合画面就会有一种向上走的趋势。完成这些细微的调节，标题文字的制作就完成了。

接下来添加结尾文字。单击"文本"，找到"新建文本"，然后选择"花字"，因为视频主题是黄河，所以我们选择一个比较郑重的花字效果（见图5.60），将其拖动到片尾（见图5.61）。我们可以为文字添加一些修饰效果，在右上方的属性面板中，"基础"右侧的"气泡"里有多种可以用来修饰文字的底层图案，这里我们选择第六个，将它拖动到画面中。此时，画面中的文字就有了一个好看的背景（见图5.62）。

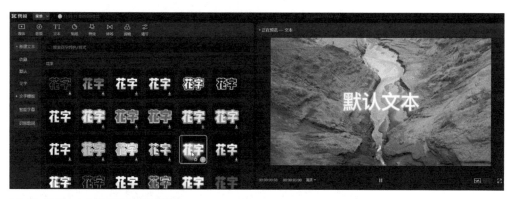

图5.60 选择一个比较郑重的花字效果

图5.61 将花字效果拖动到片尾

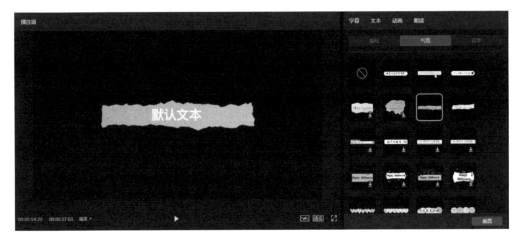

图5.62 为文字添加底层图案

添加完底层图案后，回到"基础"中更改内容为"天水黄河 万里奔腾"。再选择一个圆润且大气的字体，这里我们选择的是"芋圆体"（见图5.63）。

图5.63 修改字体

选择完成之后，我们要对文字在时间线上的位置进行调整（见图5.64），还可以为其添加动画效果。在属性面板中找到"动画"，单击"入场"，选择"逐字显影"，为文字设置入场动画（见图5.65）；同时给它设置出场动画，在"出场"中选择"闭幕"，这样就会出现文字逐渐消失的动画效果。再将入场动画和出场动画的时长都调整为1秒（见图5.66）。

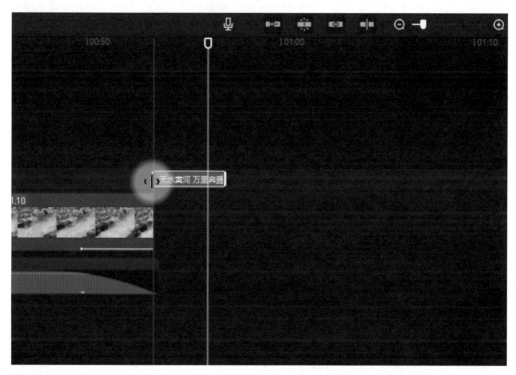

图5.64 调整文字开始的位置，使其与视频素材的结尾处对齐

图5.65 为文字设置"逐字显影"的入场动画

图5.66 为文字设置"闭幕"的出场动画，并调整入场动画及出场动画的时长

　　最后还需要将音频的结尾调整一下，使其结束时间与结尾文字一致，呈现出结尾文字配合音频逐渐结束的效果（见图5.67），这样作品的结尾就非常自然、完整了。

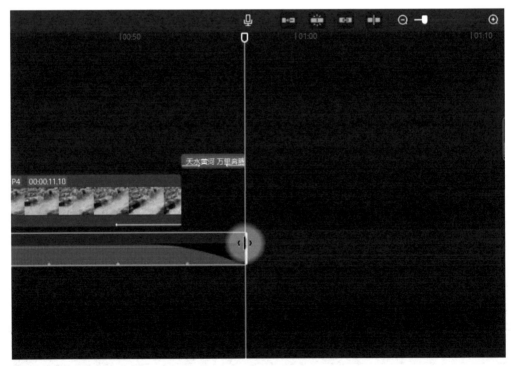

图5.67 调整音频的结尾，使其与文字配合，呈现出逐渐结束的状态

5.10
常规调色的应用

在短视频剪辑的过程中，调色属于比较靠后的一道工序，好的调色可以奠定整部作品的视觉风格，让短视频更具电影感。本节我们继续进行《壮丽黄河》的剪辑，重点探讨一下短视频常规调色的流程和操作技巧。

在剪映中，常规的调色方式是添加滤镜。单击"滤镜"可以看到各种风格的分类，通过预览图我们可以判断滤镜的色彩风格是偏暖色调还是偏冷色调（见图5.68）。我们可以根据作品的内容，借助分类和预览图对滤镜进行初步选择。

图5.68 "滤镜"下有各种风格的分类

因为黄河属于风景题材，这里我们在"风景"分类中选择"古都"滤镜，将其添加到时间线上（见图 5.69）。

图5.69 选择"古都"滤镜，将其添加到时间线上

建议大家尽可能选用能够让画面产生很强的反差和对比的滤镜，这样添加完滤镜以后画面的色彩会有一个明显的变化，从而让画面更有层次和质感。在本案例中，没有添加滤镜的画面整体偏灰色，而添加了"古都"滤镜之后画面偏红、偏暖色调，饱和度更高一些（见图5.70）。如果添加了不合适的滤镜想要删除，可以在时间线上选中滤镜后单击鼠标右键，在列表中单击"删除"即可（见图5.71）。

图5.70　左侧为未添加滤镜的画面，整体偏灰；右侧为添加了"古都"滤镜的画面，画面更暖、饱和度更高

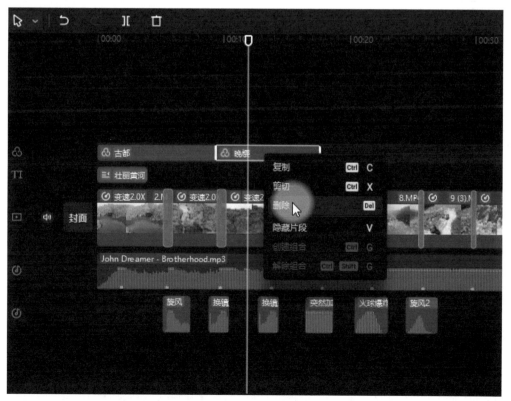

图5.71　单击"删除"即可删除不想要的滤镜

为了让画面的效果尽量保持统一，可以将"古都"滤镜的尾端拖至第四个镜头的结尾处。第五个镜头和第六个镜头应用"京都"滤镜，选好后将其放置到时间线的对应位置上（见图5.72）。可以看到添加滤镜后的画面过亮，如果想要对其进行调整，可以在右上方的属性面板中将"强度"稍微调低一些，让滤镜的效果不会过于强烈，同时保留一些原画面的色彩（见图5.73）。接下来，还可以再尝试添加一些其他滤镜到后面的镜头上。

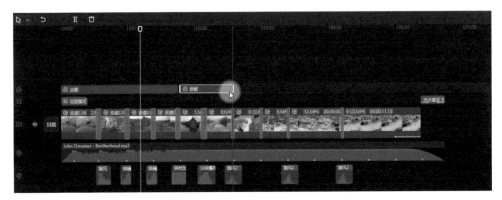

图5.72 将"京都"滤镜添加至第五个镜头和第六个镜头上

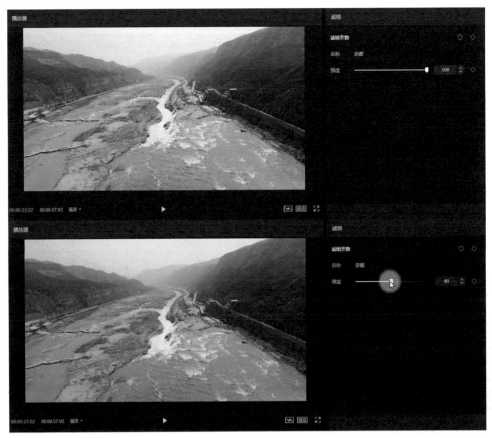

图5.73 上图为"强度"100%时的滤镜效果，如果不想让滤镜效果太过强烈，可以将"强度"调低一些

如果想再次添加使用过的滤镜，可以选中滤镜进行复制（见图5.74），然后将白色滑杆放置在想要添加滤镜的位置，进行粘贴即可（见图5.75）。拖动滤镜的尾端，使其与素材的尾端对齐，这样滤镜就可以完整覆盖后面几个镜头了（见图5.76）。

图5.74 选中滤镜后，单击鼠标右键，选择"复制"

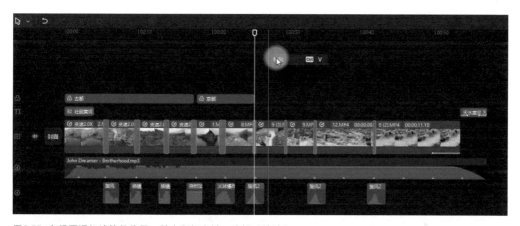

图5.75 在想要添加滤镜的位置，单击鼠标右键，选择"粘贴"

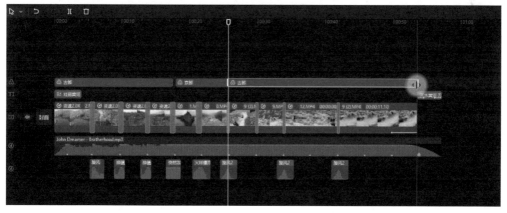

图5.76 调整滤镜覆盖的范围

5.11

自定义调节的应用

除了常规调色，我们还可以通过自定义调节，来完成一些独特的色彩调整或对滤镜的色彩进行一些修改。本节我们就来介绍一下自定义调节的基本流程和操作方法。

回到剪映的创作界面，在左上角找到"调节"，单击左侧列表中的"调节"—"自定义"，然后选择"自定义调节"，选中后将它拖动到时间线上滤镜层之上。此时，创作界面右上方的属性面板中会出现一些自定义调节的选项，我们可以根据画面内容进行调整（见图5.77）。

图5.77 将"自定义调节"拖动到时间线上滤镜层之上，属性面板中会出现一些自定义调节的选项

首先要更改的是"饱和度"，提高"饱和度"可以让画面的颜色更加饱满。然后调整"对比度"，提高"对比度"能够让画面的反差更强烈。再根据情况降低"高光"，让画面亮部的层次更多，相应地降低"阴影"，再提高"光感"，并增加一些"暗角"（见图5.78）。调整完之后进行浏览，会发现添加了自定义调节层后，第三个镜头有一些暗，那么我们可以调整自定义调节层覆盖的范围，让它只覆盖前两个镜头（见图5.79）。

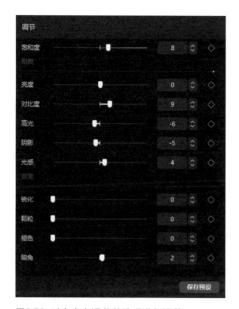

图5.78 对自定义调节的选项进行调整

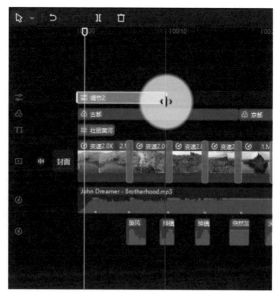

图5.79 调整自定义调节层覆盖的范围

　　如果想要继续对其他镜头进行调整，可以选中自定义调节层后单击鼠标右键，在列表中选择"复制"（见图5.80），然后将白色滑杆放置在第三个镜头开头，再单击鼠标右键选择"粘贴"（见图5.81），粘贴的自定义调节层可以进行单独的调整。根据画面的情况，可以稍微提高亮度（+3）。也可以在"曲线"

中将中间调稍微提亮一些，将暗部稍微压暗一些（见图5.82），使反差更加强烈，让画面整体的反差效果更好。调整完成后我们可以将它延伸，使其覆盖第三个镜头和第四个镜头。用同样的方法对后面的镜头进行自定义调节，这次提高饱和度（+10）和对比度（+15），也可以在"色轮"中，将颜色调整得偏暖一些（见图5.83）。完成后调整其覆盖的范围，使其从第五个镜头覆盖至最后一个镜头（见图5.84）。自定义调节完成后，我们就可以按照之前介绍过的方法对短视频进行导出了。

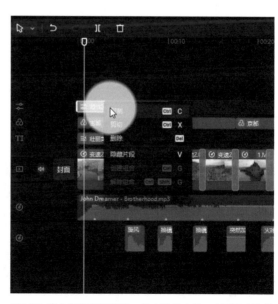

图5.80 选中自定义调节层，单击鼠标右键，在列表中选择"复制"

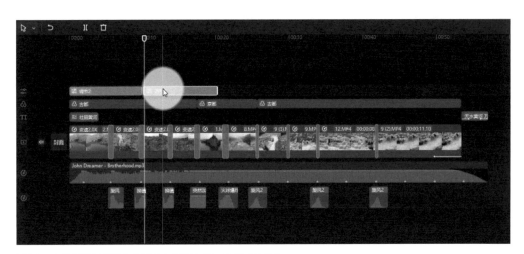

图5.81 在想要进行粘贴的位置单击鼠标右键，选择"粘贴"

图5.82 在"曲线"中对画面的中间调和暗部进行调节

图5.83 在"色轮"中对画面的颜色进行调整

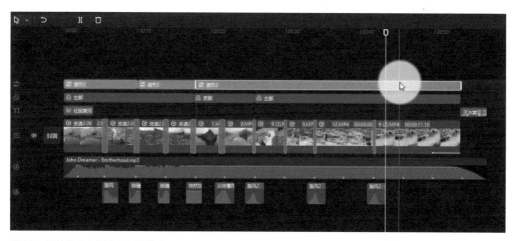

图5.84 调整自定义调节层覆盖的范围

第6章
•••••

文艺类短视频
——《绮春园印迹》案例

文艺类短视频《绮春园印迹》案例的素材拍摄地点是圆明园遗址公园，这里是一个非常令人惋惜的地方，所以视频中蕴含了一些悲怆的情绪，整体色调也给人一种悲伤、怀旧之感。这样的内容非常适合添加一些特定的转场和特效。

本章我们就借由该案例，为大家详细解读如何为短视频添加丰富的转场效果以及各种各样的特效，包括开幕与闭幕特效、梦幻与烟雾特效、边框特效、氛围特效、季节变换特效和光特效，希望可以为大家提供一些特效使用的技巧和思路。

在正式开始学习之前，大家可以先扫码观看一下制作完成的《绮春园印迹》。

6.1

添加丰富的转场效果

《绮春园印迹》中的转场效果很丰富，除了一些基础转场，还应用到了遮罩转场，本节我们就将转场分为这两个部分为大家介绍。

前几章已经跟大家讲过素材导入与镜头组接的一些方法了，大家可以根据画面的情况组接素材，粗剪一条时长为30秒左右的视频，同时应用第5章讲过的方法，对素材进行变速，在镜头的切换处添加相应的音效，并应用自定义调节把画面调成具有悲凉感的色调（见图6.1）。

图6.1 进行素材粗剪、素材变速、添加音效和调色等

在此基础上，我们需要添加一些基础转场。在新版本的剪映里，"转场"—"基础转场"中有一个"无限穿越I"，将它放置在两个镜头之间能够形成非常好的转场效果，尤其适合放在固定镜头与运动镜头的连接处。我们将"无限穿越I"放在第二个镜头和第三个镜头的连接处（见图6.2），配合上"火球爆炸"的音效，动感效果非常强。在第一个镜头和第二个镜头之间添加"模糊"转场，同时增加时长（见图6.3），让它起到过渡的效果。

图6.2 在第二个镜头和第三个镜头之间添加"无限穿越I"转场

图6.3 在第一个镜头和第二个镜头之间添加"模糊"转场，并将时长增加到0.9秒

　　在最后的两个镜头之间可以添加一个遮罩转场，将"遮罩转场"中的"水墨"转场放置在两个镜头之间（见图6.4）。其他转场效果大家可以自己尝试一下。

图6.4 在最后的两个镜头之间添加"水墨"转场

6.2
开幕与闭幕特效的添加

在《绮春园印迹》中，开幕特效与闭幕特效形成了前后呼应，给人一种很完整的感受。本节就来为大家重点介绍短视频开幕特效和闭幕特效的应用。

6.1节我们为短视频添加了转场，接下来，如果希望能够为其添加开幕特效，可以单击"特效"，找到"基础"，其中包括"擦拭开幕""模糊闭幕"等。这里我们选择"模糊开幕"（见图6.5），因为后面的转场也是由模糊变焦开启的。选好之后，将其放置在时间线上第一个镜头的上层（见图6.6）。在右上方的属性面板中，我们可以调节特效的参数，这里将"模糊度"提高至50（见图6.7），这样画面从模糊到清晰会有一个明显的过程。

图6.5 在"特效"—"基础"中选择"模糊开幕"

图6.6 将"模糊开幕"放置在时间线上第一个镜头的上层

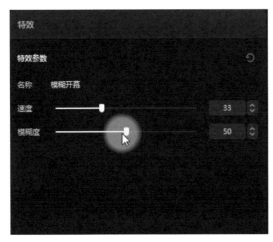

图6.7 调整"模糊开幕"的"模糊度"

有了开幕效果以后,就要添加闭幕效果了。在"基础"中选择"闭幕"(见图 6.8),将其放置在视频的结束位置(见图6.9)。注意,这里需要做一些调整,如果有自定义调节层的话,请将自定义调节层与音效的结束位置进行匹配,再将"闭幕"特效的左侧向左拖动到最后一个镜头的中间位置(见图6.10),同时选中最后一个镜头,在右上方的"动画"—"出场"中选择"渐隐"(见图6.11),这样就可以让短视频的结尾实现逐渐闭幕的效果,使短视频的结尾更具有特色,同时也更加顺畅。

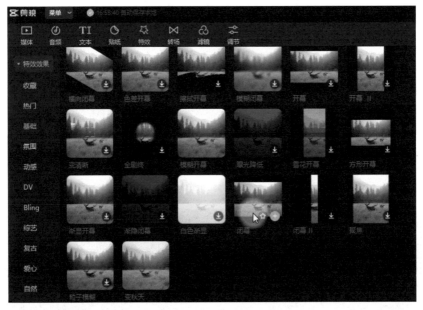

图6.8 在"特效"—"基础"中选择"闭幕"

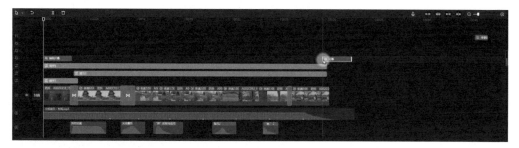

图6.9 将"闭幕"特效放置在视频的结束位置

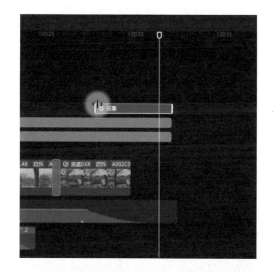

图6.10 向右拖动使调整层的结束位置与音效匹配，再将"闭幕"特效的左侧向左拖动到最后一个镜头的中间位置

图6.11 为最后一个镜头添加"渐隐"出场动画

　　当然，除了以上介绍的这两种，还有很多其他的开幕特效和闭幕特效，例如"渐显开幕""方形开幕""渐隐闭幕"等。大家可以有针对性地尝试替换和加入，看看会产生什么样的效果。

6.3

梦幻与烟雾特效的综合使用

6.2节我们已经添加了一些开幕特效与闭幕特效，但是只在开头和结尾添加，视频的中间部分仍略显单调。为了让《绮春园印迹》的画面效果更加丰富，我们在视频的中间添加一些梦幻特效和烟雾特效。本节就着重对营造氛围的梦幻特效及烟雾特效的综合使用进行说明。

单击"特效"，找到"氛围"，该分类下有一个"水墨晕染"特效（见图6.12）。这是一个中式风格的特效，因为视频内容展现的是绮春园，充满古色古香的氛围，又蕴含了一些悲凉、悲怆的情绪，所以从艺术表达上看，选择"水墨晕染"是比较合适的。同时，第二个镜头的画面过渡比较长，也适合应用一些特效。我们将选中的"水墨晕染"特效拖动到时间线上第二个镜头的上层（见图6.13），可以看到画面上增加了水墨晕染的效果，但水墨的色彩比较重（见图6.14）。在右上方的属性面板中，可以对特效的一些参数进行调节。这里我们将"不透明度"调到30，让晕染的程度减弱，同时调整"速度"，让过程变慢一些，使过渡的感觉更好。这样渲染的效果就合理了，特效与画面更好地融合（见图6.15）。

图6.12 在"特效"—"氛围"中，找到"水墨晕染"特效

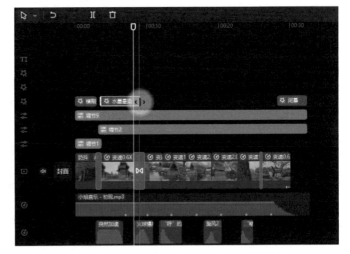

图6.13 将"水墨晕染"特效拖动到时间线上第二个镜头的上层

图6.14 添加了"水墨晕染"特效后，水墨的色彩比较重

图6.15 调节"水墨晕染"特效的"不透明度"和"速度"，使其与画面更好地融合

接下来，我们添加烟雾特效。在"特效"—"自然"中，找到"烟雾"特效（见图6.16）。将"烟雾"特效放置在需要添加的位置上，使其完整覆盖第四个镜头（见图6.17）。同样，如果不做调整，添加后的画面效果会比较生硬（见图6.18），所以我们还是需要调整一下"速度"和"不透明度"，让特效与画面更好地融合（见图6.19）。

图6.16 在"特效"—"自然"中，找到"烟雾"特效

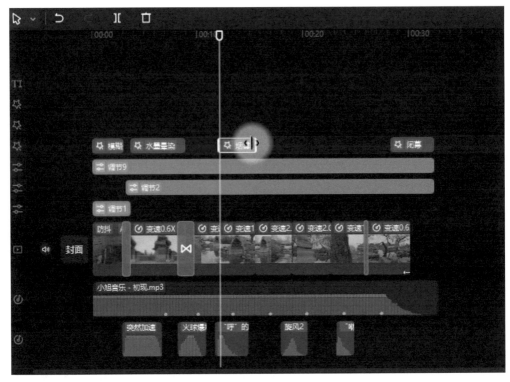

图6.17 将"烟雾"特效放置在时间线上第四个镜头的上层

图6.18 如果添加"烟雾"特效后不进行适当调整，画面效果就会比较生硬

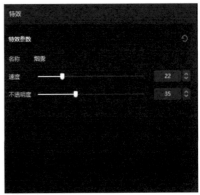

图6.19 调整"烟雾"特效的"速度"和"不透明度"

　　如果想要添加同样的一个"烟雾"特效，可以将其选中，单击鼠标右键，在列表中选择"复制"（见图6.20），将白色滑杆移动到想要添加特效的位置，单击鼠标右键，在列表中选择"粘贴"（见图6.21）。这样同样的特效就会出现，从而实现同一特效的多重应用。

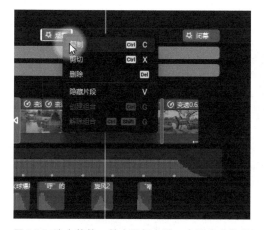

图6.20 选中特效，单击鼠标右键，在列表中选择
"复制"

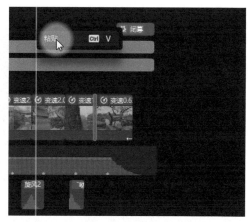

图6.21 将白色滑杆移动到要添加特效的位置，单击
鼠标右键，在列表中选择"粘贴"

6.4

边框特效的使用与修改

添加边框也可以形成一些画面效果，本节我们就来探讨一下特效边框的添加技巧与调节方法。

在"特效"—"特效效果"里选择"Bling"，在该分类下找到"美式V"。单击"美式V"，播放器中默认显示的是当前时间线上白色滑杆所在位置的内容应用了该边框后的效果（见图6.22）。确认使用后，可以将它拖动到时间线上。如果希望作品从头到尾都添加该边框，可以将"美式V"的白色选框的左侧拉动至片头，右侧拉动至片尾（见图6.23）。

图6.22 在"特效"—"特效效果"里选择"Bling"，单击"美式V"

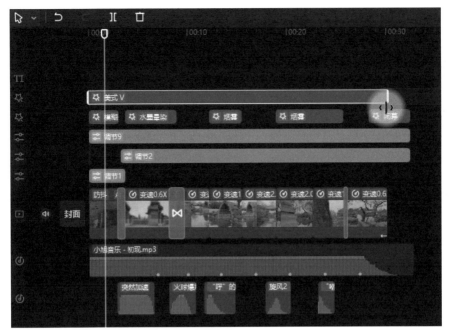

图6.23 将"美式V"添加到时间线上，并调整白色选框

浏览之后，我们可以在右上方的属性面板中对特效的参数进行一些修改。将"kira大小"和"kira数量"降低，这样画面里闪烁的小细节就会减少一些。因为我们之前已经对画面进行过调色了，所以此处我们将"滤镜"降低一些，使特效与之前的调色效果更好地融合。另外，这个边框是有抖动效果的，抖动得太快会影响观感，如果不希望它抖动得太快，可以将"黑框速度"降低一些。这样在为画面增加一些修饰的同时，也能使画面更具有怀旧的效果（见图6.24）。

图6.24 对"美式V"的参数进行调整

将5号素材和3号素材节选后添加到视频的结尾处，添加后，选择"特效"—"边框"，这个分类里就是一些正常的边框。因为我们之前选的特效是黑色的，那么后面也应选择黑色的边框，这样前后画面就能产生一定的联系。这里我们选择的是"基础黑框"（见图6.25），将它放置到时间线上，同时调整特效覆盖的范围，使它完整覆盖新添加的5号素材和3号素材（见图6.26）。要注意的是，有一些边框是无法进行参数调整的。

图6.25 在"特效"—"边框"中选择"基础黑框"

图6.26 让"基础黑框"特效完整覆盖5号素材和3号素材

本节介绍了两种边框的添加与修改方法，对于其他的边框效果，大家可以自己尝试一下。

6.5

氛围特效的应用与调整

文艺类短视频中经常会使用花卉来丰富画面的效果，所以在6.4节，我们除了添加一些边框外，还在视频的结尾处加入了3号素材。我们可以看到，原始的3号素材相对比较单调（见图6.27），如果想使这个画面更加丰富、具有动感，可以添加一些氛围特效。本节就来讲解一下氛围特效的融合添加及调整，帮助大家判断在什么情况下需要进行特效融合，以及在添加了氛围特效后需要如何调整。

图6.27 最后一个镜头（3号素材）的原始画面

如果我们想改变整个画面的环境，可以使用"特效"里的"氛围"。这里我们选择的是"夜蝶"，原因有二：首先，该特效带有光源；其次，相较于其他特效，该特效中蝴蝶飞舞得更真实一些（见图6.28）。将"夜蝶"特效放置在时间线上最后一个镜头的上层，并调节特效覆盖的范围，使其完整覆盖最后一个镜头（见图6.29）。这样"夜蝶"特效就会出现在画面当中了（见图6.30）。

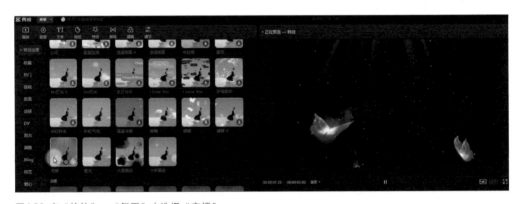

图6.28 在"特效"—"氛围"中选择"夜蝶"

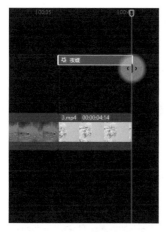

图6.29 将"夜蝶"特效放置在时
间线上最后一个镜头的上层，并
调节特效覆盖的范围

图6.30 在最后一个镜头上添加"夜蝶"特效后的效果

　　添加完"夜蝶"特效之后，我们需要对特效的参数进行相应的调整。因为是文艺类短视频，画面需要
真实一些，所以我们将"速度"降低，这样蝴蝶就会飞舞得慢一些。同样，"透明度"和"滤镜"也要降
低一些。因为添加的特效本身就是不真实的，降低"透明度"和"滤镜"能够让特效尽可能地融入画面，
产生一种自然叠加的效果（见图6.31）。

图6.31 降低特效的"速度""不透明度""滤镜"，能够让特效更好地融入画面

　　如果还需要为画面添加一些光斑的效果，可以在"特效"—"氛围"中选择"光斑飘落"，选中后将
其拖动到时间线上并调整覆盖范围，这样画面就会变得更加耀眼、明亮、丰富（见图6.32）。同样，还是
需要将"光斑飘落"特效的"速度"和"不透明度"降低一些，使其更好地融入画面（见图6.33）。

图6.32 为画面添加"光斑飘落"特效

图6.33 调整"光斑飘落"特效的"速度"和"不透明度",使其更好地融入画面

    "氛围"里还有很多其他特效,大家可以根据素材的情况挑选和使用,进行拓展练习。

6.6

季节变换特效和光特效的应用与调整

    本节我们通过《绮春园印迹》案例来说明如何利用特效实现季节的变换,以及光特效的应用与调整。

在"特效"—"基础"中，有一个"变秋天"特效（见图6.34），可以让画面从原有的颜色变成秋天的颜色。在6.5节中，我们对最后一个镜头（3号素材）添加了"夜蝶"和"光斑飘落"特效，如果我们想利用特效对该镜头的画面进行季节变换，可以将"变秋天"特效放置到时间线上，并使其覆盖整个镜头（见图6.35）。添加了特效的天空会从原先蓝色的冷色调，逐渐变成昏黄的暖色调。同样，我们需要调整特效的"速度"，让它慢一些，"滤镜"也要降低一些（见图6.36）。这样就可以在视觉上实现季节变换的效果，省去我们自己调色的步骤。

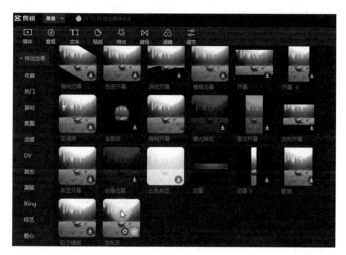

图6.34 在"特效"—"基础"中，找到"变秋天"特效

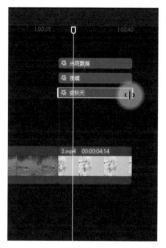

图6.35 将"变秋天"特效放置到时间线上，使其覆盖整个镜头

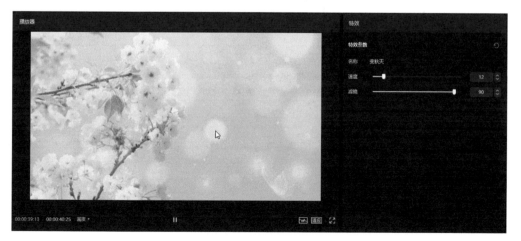

图6.36 调整"变秋天"特效的"速度"和"滤镜"

如果想要制作出一些光照的效果，可以在"特效"—"Bling"中找到"自然"特效（见图6.37），除了"自然"，还有"自然Ⅱ""自然Ⅲ""自然Ⅳ""自然Ⅴ"，这些特效全是用来为画面制造出太阳光照射时反光光斑的效果。这里我们先把"自然"特效拖动到时间线上倒数第二个镜头（5号素材）的上层，再对其进行调整，使其覆盖整个镜头（见图6.38）。这时我们看到，画面中的光斑会一直跟着鸳鸯往前运动（见图6.39）。同样，我们需要调整特效的参数，让效果更加真实。"kira大小"就是光斑的大小，稍微降低一些会使光斑更真实；降低"kira数量"，可以让光斑的效果减弱一些；再提高"旋转kira"，让光斑的旋转方向发生一些改变（见图6.40）。

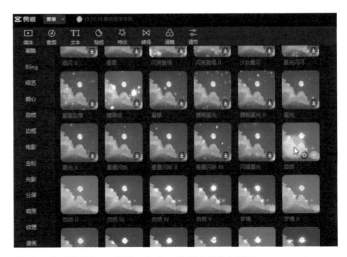

图6.37 在"特效"—"Bling"中，找到"自然"特效

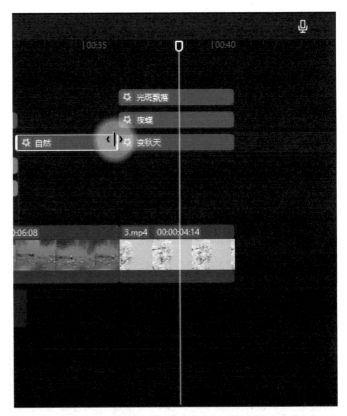

图6.38 将"自然"特效拖动到时间线上倒数第二个镜头（5号素材）的上层并进行调整，使其覆盖整个镜头

图6.39 为画面添加"自然"特效后的效果

图6.40 对"自然"特效的参数进行调整，使光斑看起来更加真实、自然

以上就是为画面添加季节变换特效和光特效的方法，我们通过合理的添加及调整，可以让效果很自然。

经过多个转场效果和特效的选用及添加，本案例就基本制作完成了。大家可以在此基础上，根据前面讲解过的方法，为视频添加上相应的片头及片尾文字，就可以对作品进行导出了。

第7章

·····

延时短视频
——《延时印迹》案例

　　本章我们将要讲解延时短视频的制作。所谓延时摄影，是指把多张拍摄间隔时间相同的照片合成一个视频，以明显变化的影像展现事物变化的过程，呈现出平时用肉眼无法察觉的精彩景象。而延时短视频就是将多个延时摄影的素材剪辑在一起制作而成的，画面充满了动感，具有非常强的可视性。

　　本章将以《延时印迹》为案例，为大家解读如何用剪映来完成延时短视频的剪辑。这个案例的时长约为一分钟，其中有自然景观，也有人文景观；有傍晚时的景色，也有夜晚时的景色；有一些素材未添加特效，有一些则添加了特效。根据这个案例的特色，本章将重点放在了各种修饰性效果的选用、添加和调整上。

　　在正式开始学习之前，大家可以先扫码观看一下《延时印迹》案例的成片。

7.1

延时短视频素材编辑

本节重点讲解的是延时短视频素材的编辑方法与技巧。

首先需要导入相应的素材。找到延时素材文件夹，选择需要的素材，这里我们选择1号、6号、7号、10号和11号素材，选中后单击"打开"，即可完成导入（见图7.1）。对素材进行浏览，会发现素材时长都很长，因此我们需要对素材进行有效的编辑。

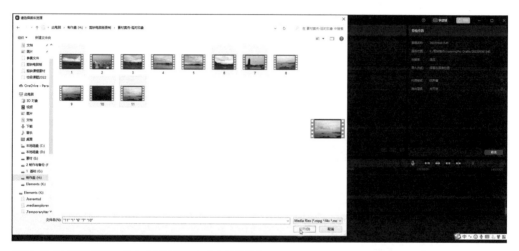

图7.1 选中需要的素材，单击"打开"，完成素材的导入

第一个镜头节选1号素材中乌云散去、阳光慢慢出现的一段时长在6秒左右的内容（见图7.2），将其放置在时间线上。

图7.2 对1号素材进行节选

第二个镜头选择6号素材，节选了一段有车辆驶过的内容（见图7.3），因为行驶的车辆可以让画面更富有动感。选好后同样将其拖到时间线上。

图7.3 对6号素材进行节选

第三个镜头选择10号素材，节选其中一段由傍晚转夜晚的内容（见图7.4），将其添加至时间线上。

图7.4 对10号素材进行节选

第四个镜头选择7号素材。7号素材很长，只节选其中一段比较精彩的约12秒的内容（见图7.5）。选好后将其添加至时间线上。

第五个镜头选择11号素材，节选其中云最好看，同时船只也在行驶的一段时长约10秒的内容（见图7.6）。选好后将其拖动到时间线上。

至此，我们粗剪出了一段由5个镜头组成的、时长40多秒的视频（见图7.7）。当然，后续还需要进行进一步的调整。

图7.5 对7号素材进行节选

图7.6 对11号素材进行节选

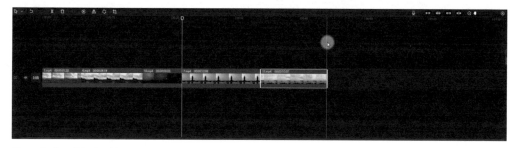

图7.7 粗剪后的视频时长为40多秒

　　粗剪完成后，就可以为视频添加音频了。单击"音频"，在搜索栏中输入"史诗大气"进行搜索。此处我们选择第一个音频（见图7.8）。这段音频的时长为2分22秒，对于视频来说过长，因此将音频拖动到时间线上以后，同需要对它进行节选。这里我们将白色滑杆放置在一分钟左右的位置，通过分割，截取一分钟左右的音频（见图7.9）。这样，素材的初步编辑基本就完成了，在此基础上我们还会进行更精细的调整。

图7.8 在音频库中搜索关键词，找到需要的音频

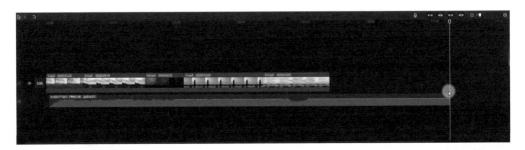

图7.9 对音频进行节选

7.2
片头气泡图形的添加与应用

7.1节我们完成了对《延时印迹》素材的初步编辑，现在可以开始制作片头了。该案例的片头文字"草原霞光"使用了一个非常清新的气泡图形作为背景（见图7.10）。本节我们重点讲解气泡图形的添加与修改方法，以及片头文字结合气泡图形的添加与应用。

图7.10 片头文字"草原霞光"使用了一个非常清新的气泡图形作为背景

首先，片头文字要添加在第一个镜头中，在第一个镜头有文字的情况下，我们需要将第一个镜头拉长一些。这里根据节奏点的具体情况将第一个镜头拉长至10秒09帧（见图7.11）。

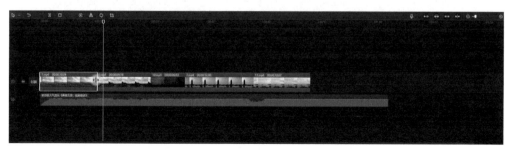

图7.11 将第一个镜头拉长至10秒09帧

接下来单击"文本"，选择"默认文本"，将其放置在时间线的开头（见图7.12）。在右上方的属性面板中找到"气泡"，选择一个你认为合适的气泡图形（见图7.13），这样片头文字就有了一个好看的气泡图形作为背景了。

图7.12 将"文本"中的"默认文本"放置在时间线的开头

图7.13 在"气泡"中选择一个合适的气泡图形

回到"基础"，我们需要将文字更改为"草原霞光"（见图7.14）。在"预设样式"中还可以修改文字样式。此处我们选择的文字样式带有一圈黑色的描边，如果不想要这个黑色的描边，可以在下方找到

"描边"，将描边换成稍微浅一些的颜色（见图7.15）。如果觉得字体太生硬，也可以进行字体的更改，这里我们将字体改成比较柔和的"纯真体"（见图7.16）。改好后，调整气泡图形外的白色调整框，可以对图形和文字整体进行放大、缩小和移动，这里我们将它们整体缩小一些，并放置在画面的左下角（见图7.17）。要注意的是，之所以将它们放置在画面的左下角而不是右上角，是因为右上角有光影的变化，而文字和气泡图形只是一个修饰而已，放在左下角能够尽量不干扰到画面。这样，带有气泡图形的片头文字就制作完成了。制作完成后，我们还需要在时间线上将片头文字的播放时长延长为第一个镜头的一半（见图7.18）。

图7.14 在"基础"中对文字进行更改

图7.15 在"描边"中，可以将黑色描边换成其他颜色

图7.16 进行字体的更改

图7.17 可以对气泡图形和文字整体进行缩小、放大和移动

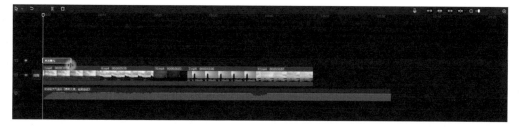

图7.18 调整片头文字的播放时长

最后，我们可以为片头文字设置动画效果。在右上方的属性面板中选择"动画"—"入场"—"向右集合"，并将动画时长延长到1.1秒（见图7.19），再选择"动画"—"出场"—"渐隐"（见图7.20）。这样就完成了片头文字动画效果的设置。

图7.19 入场动画效果选择"向右集合"

图7.20 出场动画效果选择"渐隐"

7.3

光效与贴纸的应用

《延时印迹》案例中还用到了光效与贴纸，本节我们就来着重介绍一下，在延时短视频中经常会涉及的为自然风光添加光效的方法，以及延时短视频中贴纸的应用。

7.2节介绍了为第一个镜头添加带有气泡图形的片头文字的方法，现在我们进入第二个镜头（6号素材）的编辑。根据节奏点的位置，可以将第二个镜头的时长调整为9秒04帧，从而让视频更具节奏感。

调整完第二个镜头的时长后，就可以为其添加光效了。单击"特效"，在"光"中选择"彩虹光Ⅱ"（见图7.21）。选好以后将其放置在时间线上第二个镜头的上层，并使其完整覆盖第二个镜头（见图7.22）。可以看到，添加了特效的画面非常不真实（见图7.23），所以我们还需要在右上方的属性面板中进行一些参数的调节。将"不透明度"调整到52，可以让特效与画面更好地融合；让"闪烁速度"也降低一些；再将"变暗"滑杆向左调节，可以让画面稍微变亮一些。相比之前，调整完的画面效果更加真实、自然，模拟出了阳光透过云彩，天空出现霞光的效果（见图7.24）。

图7.21 在"特效"—"光"中选择"彩虹光Ⅱ"

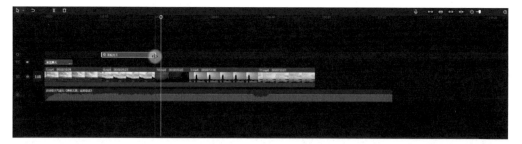

图7.22 让"彩虹光Ⅱ"特效完整覆盖第二个镜头

图7.23 如果不对参数进行调节，添加了特效的画面会显得非常不真实

图7.24 对"彩虹光Ⅱ"特效的参数进行调节，可以让画面效果更加真实、自然

　　接下来添加贴纸。选中"贴纸"，在"热门"中找到"山河远阔"（见图7.25），选中后将其放置在第二个镜头的结尾处，然后将贴纸的起始点向左拖至第二个镜头的中间位置（见图7.26）。这样第二个镜

头一开始的时候会先出现彩虹光特效，播放到一半的时候才会出现"山河远阔"贴纸，形成一个交错的效果。

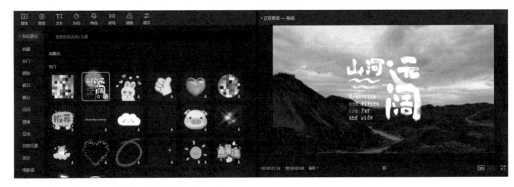

图7.25 在"贴纸"—"热门"中选择"山河远阔"

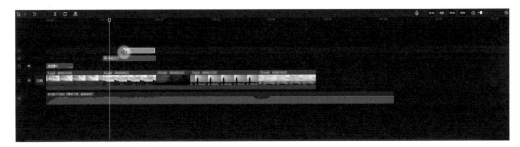

图7.26 将贴纸放置在第二个镜头的结尾处，并将起始点向左拖至第二个镜头的中间位置

接下来，我们可以对贴纸进行精细调整。首先将贴纸缩小一些，再调整贴纸的位置（见图7.27）。这样第二个镜头就同时拥有了光效和贴纸。

图7.27 对贴纸进行精细调整

7.4
自然元素贴纸的应用

《延时印迹》案例中还应用了自然元素贴纸，自然元素是指像太阳、月亮、星星等一些自然界中能够看到的元素，添加一些自然元素贴纸能够为画面提供修饰或补充。本节我们主要讲解的是月亮贴纸的应用。

本节我们为第三个镜头（10号素材）添加贴纸。首先要对这个镜头进行时长的调整。这个镜头展现的是由傍晚转夜晚的过程，我们可以让傍晚转夜晚的时间长一些，将整个镜头延长到10秒左右（见图7.28）。

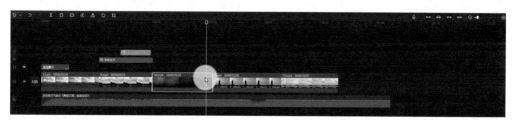

图7.28 将第三个镜头延长至10秒左右

调整好时长后，就可以添加月亮贴纸了。在"贴纸"中有一个搜索栏，可搜索你需要添加的元素，这里搜索"月亮"，就会出现很多关于月亮的贴纸，选择一个看起来相对比较真实的月亮贴纸，并将它拖动到时间线上第三个镜头的上层（见图7.29）。

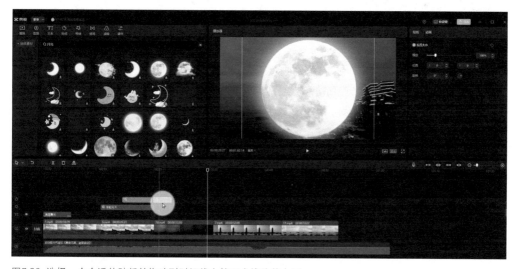

图7.29 选择一个合适的贴纸并拖动到时间线上第三个镜头的上层

拖动完成后发现，这个月亮贴纸太大了，所以需要修改它的尺寸。我们虽然无法做到让月亮贴纸看起来特别真实，但起码要在大小及比例上让它尽可能真实一些。在右上方的属性面板中调整缩放的比例，再将其放置在画面的左上角，使之与画面右下角的拍摄主体形成呼应（见图7.30）。完成以后，我们需要使月亮贴纸覆盖整个镜头（见图7.31）。

图7.30 调整贴纸的大小和位置

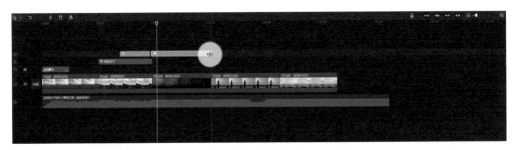

图7.31 让月亮贴纸覆盖整个镜头

接下来，我们可以为月亮贴纸添加动画效果，以实现"升明月"的效果。首先选中月亮贴纸，在右上方的属性面板中找到"动画"—"向上滑动"，再把动画时长延长至4.4秒。这样在傍晚转夜晚的过程中，月亮会随着画面的变暗逐渐升起，到画面完全转为夜晚的时候，月亮完全升起，有一个从半透明到清晰的变化过程（见图7.32）。

图7.32 为月亮贴纸应用"向上滑动"动画，并将动画时长延长至4.4秒

7.5

烟花贴纸的应用

    《延时印迹》案例的第三个镜头，除了应用自然元素贴纸，还应用了烟花贴纸，本节就来跟大家分享一下烟花贴纸的应用。

    在"贴纸"—"炸开"中，能够看到一些粒子炸开效果的贴纸和一些烟花贴纸。我们可以从中挑选一个比较合适的烟花贴纸（见图7.33）。选好后把它拖动到时间线上第三个镜头的上层，但是要跟月亮贴纸形成交错，因为只有天黑以后放烟花才好看，所以先让月亮升起来再放烟花（见图7.34）。

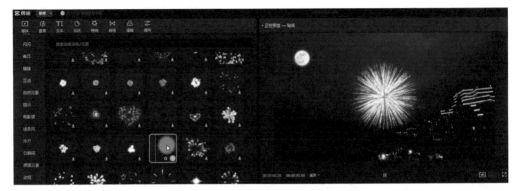

图7.33 在"贴纸"—"炸开"中，选择一个合适的烟花贴纸

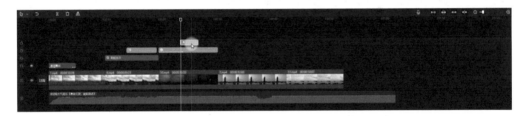

图7.34 将烟花贴纸拖动到时间线上第三个镜头的上层，并调整其开始的位置

添加完成以后会发现，这个烟花贴纸太大、太假了，所以我们要调节一下烟花贴纸的大小，让它看起来更真实一些，然后将它放在一个合适的位置（见图7.35）。此时我们也可以对烟花贴纸应用"向上滑动"的动画效果，并将动画时长延长至1.2秒，形成一种在地面上放烟花，烟花升空后绽放的效果（见图7.36）。这样放烟花的效果就做好了。

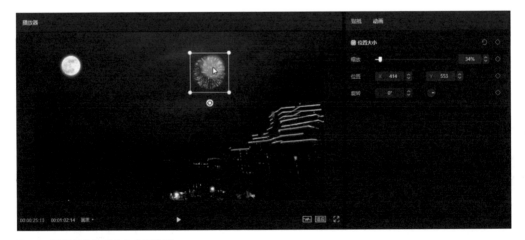

图7.35 调整烟花贴纸的大小和位置

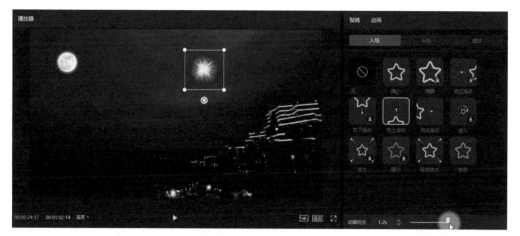

图7.36 对烟花贴纸应用"向上滑动"的动画效果

　　一朵烟花显得太单调了，我们还可以用同样的方法再添加一朵。这次我们选择一个形状比较大的烟花贴纸，将其添加到时间线上第三个镜头的上层。烟花应该是逐渐绽放的，我们可以让这朵烟花与上一朵烟花形成交替绽放的效果（见图7.37），同时也要对其大小和位置进行调整，以形成错落感。最后同样需要添加"向上滑动"的动画效果（见图7.38）。

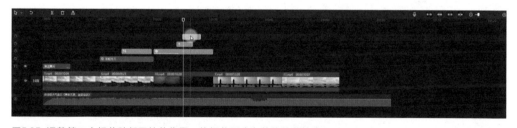

图7.37 调整第二个烟花贴纸开始的位置，使烟花形成交替绽放的效果

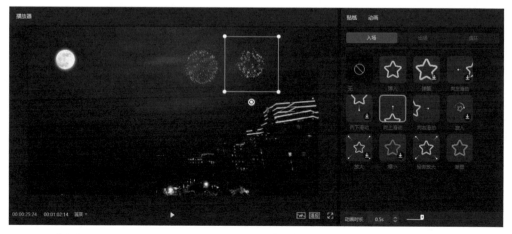

图7.38 调整烟花贴纸的大小和位置，并应用"向上滑动"的动画效果

还可以添加第三朵烟花，这次我们选择爆裂效果比较强的烟花贴纸，将其放置在时间线上第三个镜头的上层，注意要形成错落绽放的效果（见图7.39）。同样，放置完成后，需要调整它的大小和位置，并应用"向上滑动"的动画效果，将动画时长延长至1.1秒（见图7.40）。因为每一朵烟花都是绽放完以后就自动消失了，所以我们不用给它们应用出场动画。

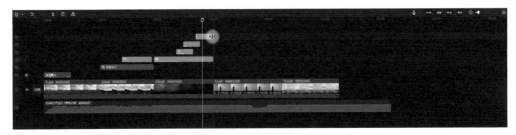

图7.39 注意调整第三个烟花贴纸的位置，要形成错落绽放的效果

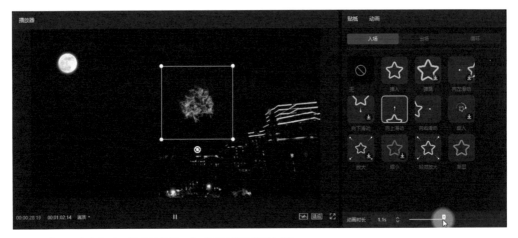

图7.40 应用"向上滑动"的动画效果，将动画时长延长至1.1秒

7.6
文艺特效和贴纸的应用

《延时印迹》案例中的第三个镜头还应用到了一些文艺特效和贴纸。当烟花依次散去，会出现星芒和文艺字体的"生活"二字，本节我们就来探讨一下文艺特效和贴纸的应用。

在时间线上选中7.5节制作的3个烟火贴纸，将它们整体向前移动一些，以便为后面要添加的素材留出一定的空间（见图7.41）。接下来，在"特效"—"Bling"中找到"撒星星 II"特效（见图7.42）。选中之后将它拖动到时间线上第三个镜头的上层，并调整它的覆盖范围，在前面的烟花快要消失时让该特效出现，这样可以让二者有一个比较好的衔接（见图7.43）。同时在右上方的属性面板中，稍微调整一下特效的"不透明度"，让星芒的效果看起来更加真实自然（见图7.44）。

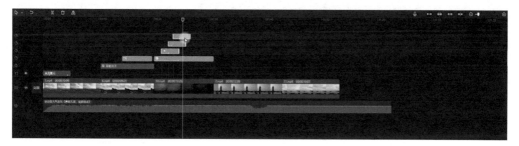

图7.41 将3个烟火贴纸整体向前移动

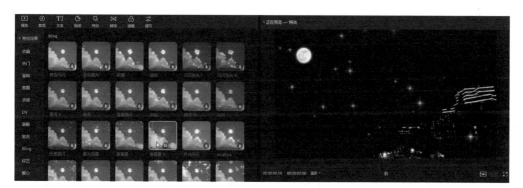

图7.42 在"特效"—"Bling"中选择"撒星星 II"

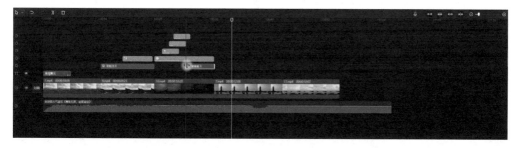

图7.43 调整"撒星星 II"特效的覆盖范围

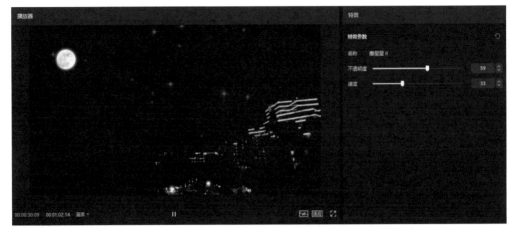

图7.44 将"撒星星Ⅱ"特效的"不透明度"调整到59

　　接下来我们添加文艺字体的贴纸。单击"贴纸",在搜索栏中输入"生活",这里我们选择的是一个逐渐显示的"生活"贴纸(见图7.45)。将它放置在时间线上第三个镜头的上层并调整覆盖范围(见图7.46)。由于这个贴纸也比较大,所以我们同样需要调整它的大小和位置,将它缩小并移动到月亮的下方,可以让画面有一定的留白(见图7.47)。选中"生活"贴纸,单击右上方的属性面板中的"动画"—"出场"—"渐隐"(见图7.48),这样贴纸就会以渐隐的方式消失。

图7.45 在"贴纸"中搜索"生活"

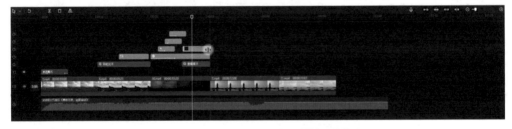

图7.46 将"生活"贴纸放置在时间线上第三个镜头的上层,并调整其覆盖范围

图7.47 调整贴纸的大小并将其放置在合适的位置

图7.48 为贴纸设置"渐隐"出场动画

7.7
虚拟自然特效的应用

在拍摄《延时印迹》案例中的第四个镜头时,其实并没有那么多的雾气,也没有下雨,原始画面是非常干净的,我们通过后期添加和应用了一些特效制作出雾气氤氲和下雨的效果,目的是丰富画面。本节我们就来详细讲解一下虚拟自然特效的应用。

可以看到，第四个镜头原始画面的左上角是有一束光的（见图7.5），我们可以充分利用这束光来制作一些雾气，让画面更丰富。在"特效"中有一个"自然"分类，我们从中找到"雾气光线"特效（见图7.49）。

在预览时可以看到，这个特效是从画面的左侧产生雾气效果的，非常适合第四个镜头。所以我们可以把它放置在时间线上第四个镜头的上层，并调整其覆盖范围（见图7.50）。播放以后发现，未经调整的特效效果太过明显，显得非常不真实，所以我们可以在右上方的属性面板中，将特效的"不透明度"降低一些，同时把"速度"降低，这样特效看起来就会更加真实（见图7.51）。

图7.49 在"特效"—"自然"中找到"雾气光线"特效

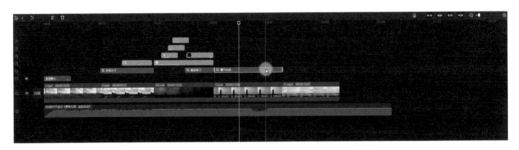

图7.50 将"雾气光线"特效放置在时间线上第四个镜头的上层，并调整其覆盖范围

图7.51 调整"雾气光线"特效的"不透明度"和"速度"

接下来添加一个"下雨"特效（见图7.52）。将该特效拖动到时间线上第四个镜头的上层，放置在"雾气光线"特效的上层，再将它的尾端暂时拖到第四个镜头的中间位置（见图7.53），因为后面还要添加文字和其他特效，所以要留出一定的空间。直接添加还是会出现同样的问题——雨下得太大了，看起来太假了，所以在右上方的属性面板中调整特效的"不透明度"和"速度"（见图7.54），让特效更真实。

图7.52 在"特效"—"自然"中找到"下雨"特效

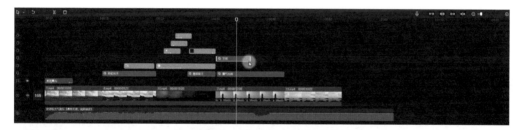

图7.53 将"下雨"特效拖动到时间线上第四个镜头的上层，并调整其覆盖范围

图7.54 调整"下雨"特效的"不透明度"和"速度"

在"自然"分类中，有很多虚拟自然特效可以选用，但一定要选择适合素材的特效，而且还要注意调整特效的"不透明度"和"速度"，这样添加的特效才不会显得突兀，看起来才会更加真实，画面也会更有质感。

7.8

文字结合发散星光粒子特效的应用

《延时印迹》案例的第四个镜头中，有一些发散的星光粒子和文字结合在一起，本节我们重点讲解从素材库中提取素材后如何更改混合模式，以及文字发散特效的快速制作。

我们可以在"媒体"—"素材库"中挑选粒子素材。在"节日氛围"中挑选一个比较亮的星光粒子素材（见图7.55），选择完成以后，将它直接拖动到时间线上第四个镜头的上层，并调整其覆盖范围，让星光粒子效果在雨快要停的时候出现（见图7.56）。但是添加了星光粒子素材后，整个画面都被填满了，这时我们就需要在右上方的属性面板中调整"混合模式"。选中这个素材后，将"混合模式"调整为"滤色"（见图7.57），再调整一下"不透明度"，这样星光粒子素材就可以非常完美地融入画面（见图7.58）。

图7.55 在"媒体"—"素材库"—"节日氛围"中，选择一个合适的星光粒子素材

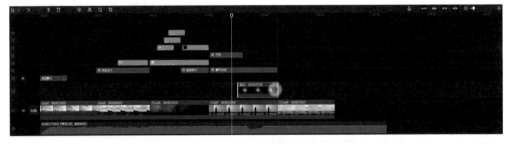

图7.56 将星光粒子素材拖动到时间线上第四个镜头的上层，并调整其覆盖范围

图7.57 将"混合模式"调整为"滤色"

图7.58 将"不透明度"调整到40%，可以让星光粒子素材完美地融入画面

　　接下来添加文字。将"文本"中的"默认文本"拖动到时间线上第四个镜头的上层，在右上方的属性面板中输入文字"幸福阴转晴"，然后为其选择一个预设样式（见图7.59），将字体更改为"芋圆体"，将文字描边的黑色调整成一个与字体的黄色相近的颜色，再把文字的"不透明度"稍微降低一些，使其与星光粒子效果更协调（见图7.60）。

图7.59 输入文字"幸福阴转晴"后，选择一个预设样式

图7.60 更改文字的字体、描边颜色及"不透明度"

现在我们就可以为文字添加动画效果了。选中文字后，单击"动画"—"入场"—"轻微放大"即可。同样，对星光粒子效果应用"轻微放大"动画效果（见图7.61），并将文字与星光粒子效果对齐的覆盖范围（见图7.62），让它们形成一个统一的动画效果。

设置完入场动画，再来设置出场动画。选中文字，单击"动画"—"出场"—"渐隐"，将动画时长延长至2.7秒（见图7.63）；再选中星光粒子效果，设置同样的"渐隐"出场动画，将动画时长也设置为2.7秒（见图7.64）。这样，文字结合星光粒子的效果就制作完成了。

图7.61 为文字和星光粒子效果添加"轻微放大"动画效果

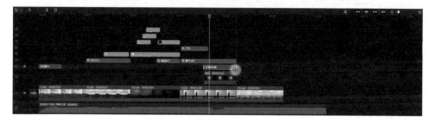

图7.62 让文字与星光粒子效果的覆盖范围对齐

图7.63 为文字设置2.7秒的"渐隐"出场动画

图7.64 为星光粒子效果设置2.7秒的"渐隐"出场动画

7.9

动态修饰元素的应用

　　《延时印迹》案例的第五个镜头中应用了一些动态修饰元素，配合具有艺术感、错落有致的文字以及一些辅助线，能够让画面更具趣味性，提升画面整体的层次感。本节我们就来分享一下动态修饰元素的应用。

　　首先制作第一行文字。选中"文本"中的"默认文本"，将它放置在时间线上第五个镜头的上层。然后在右上方的属性面板中，输入文字"闲看花开花落"，并为其更换一个比较轻松、活泼的字体，这里选择的是"芋圆体"。如果想要实现文字错落有致的效果，可以单独选中"闲看"二字，对字号和颜色进行调整，这里将"闲看"二字的字号放大至22，颜色更改为黄色，以突出强调。然后再整体将文字缩小，放置在画面中合适的位置（见图7.65）。这样第一行文字就制作完成了。

图7.65 设置第一行文字

接下来制作第二行文字。再次选中"文本"中的"默认文本"，也将其放置在时间线上第五个镜头的上层。然后在右上方的属性面板中输入文字"静观云卷风舒"，为了与上一行文字保持一致，我们将字体也更改为"芋圆体"，再将其整体缩小，然后移动到第一行文字的下方，两行文字可以错开一些，以便我们后面添加一些动态修饰元素。另外，上一行的"闲看"的字号是22，那么我们也应将第二行的"静观"的字号设置为22，并将颜色也更改为黄色（见图7.66）。

图7.66 设置第二行文字

现在可以开始添加动态修饰元素了。在"贴纸"—"自然元素"中，有一个小太阳动态修饰元素，选中以后把它拖动到时间线上第五个镜头的上层，然后调整它的大小，将它放置在"静观"的前方（见图7.67）。在"贴纸"—"界面元素"中，再选择一个音浪动态修饰元素，选中后同样拖动到时间线上第五个镜头的上层，然后调整它的大小，将它放在第一行文字的后面（见图7.68）。然后，我们可以在第五个镜头的上层再添加一个"默认文本"，在右上方的属性面板中，输入"—————————————"，形成一排虚线的修饰，放置在两行文字的下方（见图7.69）。最后，需要调整一下两行文字和两个动态修饰元素的覆盖范围，让它们在时间线上对齐（见图7.70）。这样文字配合动态修饰元素的效果就完成了。

图7.67 在"贴纸"—"自然元素"中，找到小太阳动态修饰元素，放在第二行文字开头

图7.68 在"贴纸"—"界面元素"中，选择音浪动态修饰元素，放在第一行文字结尾

图7.69 添加"——————————————"

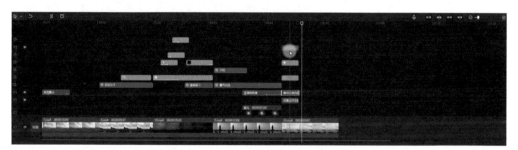

图7.70 调整两行文字和两个动态修饰元素的覆盖范围，让它们在时间线上对齐

7.10
整体调色与片尾的添加

我们可以看到，《延时印迹》的成片是有一些风格化的颜色调整的。经过了一系列的制作后，现在我们就可以对作品进行整体的调色与片尾的添加了，本节就来讲解一下整体调色，以及趣味片尾是如何添加的。

想要对短视频进行风格化的颜色调整，我们可以选择"滤镜"，然后根据短视频的风格选择相应的分类。这个案例属于风景类型，所以我们可以选择"滤镜"中的"风景"。开头部分我们可以选择"小镇"滤镜，因为这个滤镜带有一些冷色调，给人比较清爽的感觉。选中滤镜后，就可以将它添加到时间线上，然后再使其完全覆盖前3个镜头（见图7.71）。可以看到，滤镜在时间线上会直接出现在我们前面添加的各种特效的上层。我们之所以最后进行调色，是因为这样就不需要再分层进行制作了，大大提高了我们的工作效率。加了滤镜之后，画面质感、反差都有了明显的改变，电影感更加强烈（见图7.72）。

图7.71 为前3个镜头添加"小镇"滤镜

图7.72 添加滤镜前后的画面对比

我们可以赋予后面两个镜头另外一种颜色风格，这里我们选择"普林斯顿"滤镜，这个滤镜中的青蓝色调会更多一些。将"普林斯顿"滤镜拖动到时间线上第四个镜头和第五个镜头的上层，使其完全覆盖这两个镜头（见图7.73）。添加滤镜后，画面中发灰的湖水和蓝天都变成了漂亮的蓝色，画质也有了明显的改观（见图7.74）。

图7.73 为第四个镜头和第五个镜头添加"普林斯顿"滤镜

图7.74 添加滤镜前后的画面对比

调色完成以后，我们还要添加一个片尾。单击"贴纸"—"电影感"，在其中选择一个合适的贴纸（见图7.75），选中后直接将它放在时间线上素材的结尾处（见图7.76）。接下来，我们还可以为贴纸添加一些动画效果。在右上方的属性面板中，单击"动画"—"入场"—"放大"，并将动画时长延长至1.1秒（见图7.77）；再单击"动画"—"出场"—"渐隐"，并将动画时长延长至1.2秒（见图7.78）。

设置完成后我们发现，片尾动画结束了，但音频还没有播放完，所以我们还需要调整音频的长度，使其结尾与片尾的结尾对齐。然后选中音频，在右上方的属性面板中将"淡出时长"延长至6.1秒（见图7.79），让音频在最后一个镜头播放完时开始淡出，片尾动画结束，音频也正好结束。这样的话，整个作品就比较完整了，我们可以按照之前讲解过的方法进行视频的导出。

图7.75 在"贴纸"—"电影感"中选择一个合适的贴纸

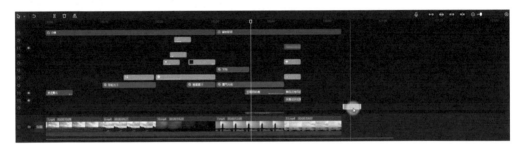

图7.76 将贴纸直接放置在时间线上素材的结尾处

图7.77 为贴纸添加入场动画

图7.78 为贴纸添加出场动画

图7.79 调整音频的结尾，并延长"淡出时长"

第8章
•••••

照片变动感视频
——《空山新雨》案例

　　我们在剪辑视频的时候，不仅会使用到视频素材，还经常会使用到照片素材，这样就可以将以往拍摄的照片变成动感视频了。

　　本章将以短视频《空山新雨》为案例，该案例采用的是竖屏拍摄，时长约30秒。其中包含了一些技术要点，比如精剪与背景模糊的设定、虚化与暗角效果的添加与调整、绚丽画面修饰效果的应用、转场的添加与调整、画面基础动画的设置与调整、整体调色与片头文字的添加、MV 歌词效果的快速制作等。

　　在正式开始学习之前，大家可以先扫描二维码观看一下制作完成的《空山新雨》，让我们一起来探讨一下如何将照片变成一段动感的短视频。

8.1

照片的导入与初步编辑

本节将着重说明将照片制作成动感视频时，照片的导入以及时间线上素材的初步编辑。

进入剪映后，单击"开始创作"，然后单击"导入"，选择这个案例需要的照片再单击"打开"（见图8.1），这样照片就全都导入进来了。

图8.1 导入照片

导入之后，我们要在时间线上调整照片的顺序。这个案例的第一张照片选用的是3号素材，选中后把它放置在时间线上（见图8.2）。

图8.2 第一张照片选用3号素材，选中后将其放置在时间线上

放置完第一张照片以后，我们来添加音频。单击"音频"，在搜索栏中搜索"空山新雨"，会出现多个版本的"空山新雨后"音频，这个案例我们选用的是第一段24秒的音频，选中后将它拖动到时间线上（见图8.3）。

图8.3 将音频拖动到时间线上

接下来第二张照片选用2号素材，第三张照选用4号素材，第四张照片选用5号素材，第五张照片选用7号素材，第六张照片选用8号素材，选中后都分别放置到时间线上（见图8.4）。

图8.4 将素材排序后放置到时间线上

每张照片的播放时长默认都是5秒，所以接下来我们需要先对音频进行节奏点的标记，然后才能根据节奏点进行照片的精剪和匹配。这里我们采用"手动踩点"的方式，原则是对每一句歌词的转换位置进行标记，第一遍先针对整句歌词进行标记，然后还可以在半句歌词的转换处进行更细致的标记（见图8.5）。

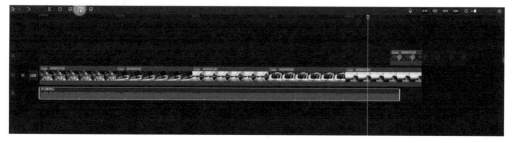

图8.5 采用"手动踩点"的方式，标记音频的节奏点

8.2

精剪与背景模糊的设定

《空山新雨》案例音频的歌词和节奏与画面的切换是能够准确对应的，另外，竖屏播放还需要制作一个背景模糊的效果，本节我们就来探讨一下是如何操作的。

8.1节我们已经将音频的节奏点标记出来了，现在我们就可以调整照片的播放时长，使之与标记出来的节奏点对应。将第一张照片（3号素材）的结尾缩短至第一个节奏点的位置，将第二张照片（2号素材）的结尾缩短至第二个节奏点的位置，将第三张照片（4号素材）的结尾延长至第四个节奏点的位置，将第四张照片（5号素材）的结尾缩短至第五个节奏点的位置，将第五张照片（7号素材）的结尾缩短至第六个节奏点的位置。在第五张照片后加入一张新照片——1号素材，这张照片的比例和其他照片不太一样，我们可以在右上方的属性面板中将其放大（见图8.6），然后同样调整一下它的播放时长，使其结尾与第七个节奏点的位置对齐。最后，将8号素材放置到结尾，并将它的结尾与音频结尾对齐。这样所有素材就精剪完成了，与节奏点进行了匹配（见图8.7）。

现在的素材是16∶9横屏播放的，如果想使其变成竖屏播放的，单击播放器右下角的"适应"，选择"9∶16（抖音）"（见图8.8）即可。改完之后背景是黑色的（见图8.9），我们可以在右上方的属性面板中找到"背景"，在"背景填充"下选择"模糊"，然后选择一个合适的模糊程度，再单击"应用全部"（见图8.10），这样就可以把所有素材的模糊背景都设定好。

图8.6 将1号素材放大

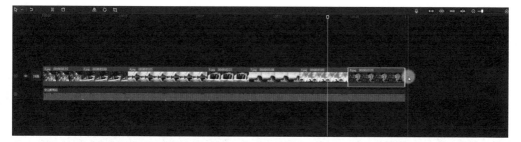

图8.7 完成所有素材的精剪，使画面与音频的节奏点匹配

图8.8 单击播放器右下角的"适应"，选择"9:16（抖音）"，可以将画面变成竖屏

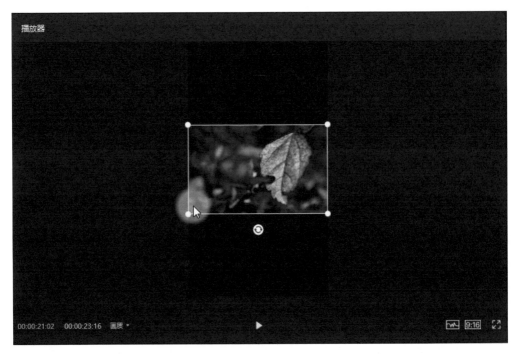

图8.9 变成竖屏后背景是黑色的

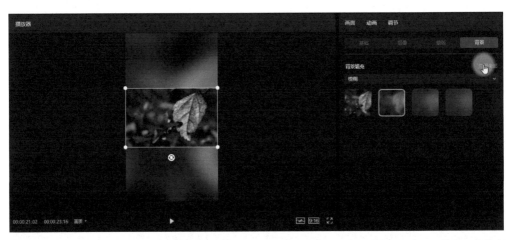

图8.10 单击"背景",在"背景填充"下选择"模糊",然后选择一个合适的模糊程度,再单击"应用全部",可以将所有素材的模糊背景都设定好

8.3

虚化与暗角效果的添加与调整

8.2节我们对背景进行了模糊处理，但照片本身是比较清晰的，并没有虚化。为了让画面更富有艺术感，接下来我们要对照片进行虚化设置，同时会在画面的四角添加一些暗角的效果。

选中时间线上的素材，单击"特效"—"基础"，其中有一个"虚化"特效，将其拖到时间线上。因为是要对整个视频进行虚化，所以我们使"虚化"特效覆盖时间线上的所有素材，这样在播放器中就能够看到非常明显的虚化效果了（见图8.11）。接下来，我们要在右上方的属性面板中调整"虚化"特效的参数，将"模糊"调至19，使画面产生一种模拟变焦的效果（见图8.12）。

在"特效"—"基础"中还有一个"暗角"特效，将其放置到时间线上后，同样将覆盖范围调整至覆盖所有素材，这样暗角效果就会贯穿整个视频（见图8.13）。如果暗角效果太强，画面也会使观众产生明显的不适，所以我们要调整"暗角"特效的参数。将"边缘暗度"调至70，这样画面中的暗角就不会那么明显，效果会比较自然，同时也会让画面增加一些艺术感（见图8.14）。无论是虚化效果还是暗角效果，参数设置的原则都是要让它们看起来更真实，切记不要过度。

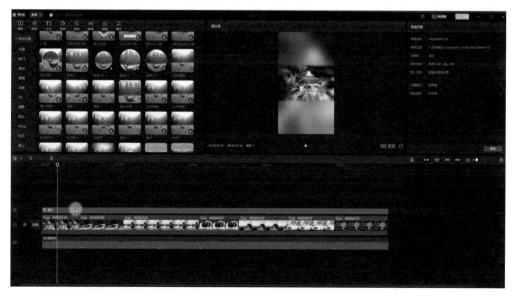

图8.11 将"特效"—"基础"中的"虚化"特效放置到时间线上，并使其覆盖所有素材

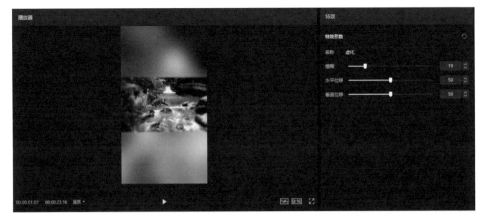

图8.12 调整"虚化"特效的参数，让虚化效果更加自然

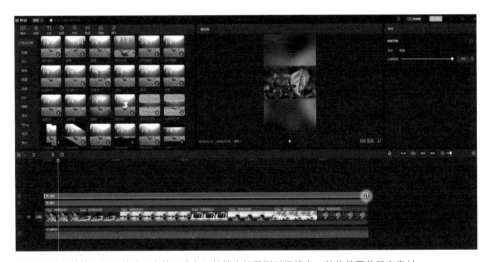

图8.13 将"特效"—"基础"中的"暗角"特效也放置到时间线中，并使其覆盖所有素材

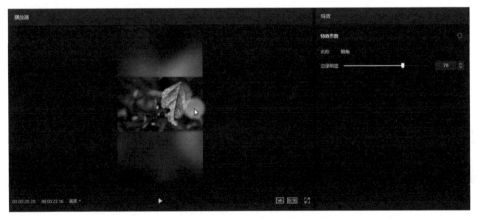

图8.14 调整"暗角"特效的参数，让效果更加自然

8.4
绚丽画面修饰效果的应用

《空山新雨》案例中还应用了一些绚丽画面修饰效果，比如一些闪烁的星星、炫目的光斑等，这些可以丰富画面，让画面更加精彩。

8.3节我们为所有素材添加了虚化和暗角效果，现在我们将逐一对每个素材进行修饰效果的添加。

首先，在"特效"中找到"氛围"。在其中找到"星星冲屏"特效后，将它放置在时间线上第一个镜头的上层，并使其完整覆盖第一个镜头。接下来，我们要在右上方的属性面板中对特效的"不透明度"进行调整；"滤镜"也稍微调整一下，让效果不那么强烈；"速度"也降低一些（见图8.15）。这样"星星冲屏"特效就很好地融入第一个镜头的画面中了。

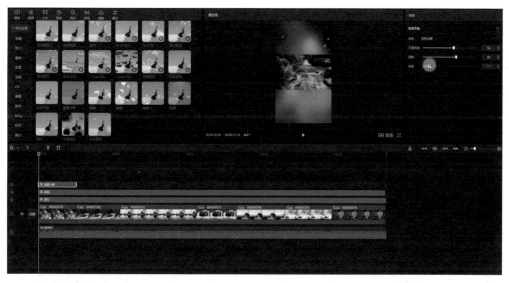

图8.15 将"特效"—"氛围"中的"星星冲屏"特效添加至时间线上第一个镜头的上层，并调整特效的参数

找到"特效"—"氛围"中的"彩虹气泡"特效，将其添加到时间线上并使它完整覆盖第二个镜头。将"彩虹光斑"调至50，将"滤镜"调至54，将"速度"调至10，让"彩虹气泡"特效融入画面中（见图8.16）。

图8.16 将"特效"—"氛围"中的"彩虹气泡"特效添加至时间线上第二个镜头的上层，并调整特效的参数

第三个镜头添加的是"特效"—"氛围"中的"春日樱花"特效，将"春日樱花"特效放置在时间线上第三个镜头的上层，并使其完整覆盖第三个镜头。将特效的"不透明度"调到50，"速度"调至15（见图8.17）。

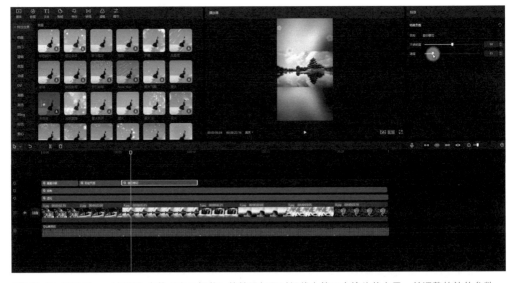

图8.17 将"特效"—"氛围"中的"春日樱花"特效添加至时间线上第三个镜头的上层，并调整特效的参数

第四个镜头添加的是"特效"—"热门"中的"逆光对焦"特效，将"逆光对焦"特效放置在时间线上第四个镜头的上层，并使其完整覆盖整个镜头。"逆光对焦"特效默认的效果是很强烈的，所以我们要

将特效的"模糊度"降低，"曝光"也要降低，"对焦速度"不变，这样在对焦的时候，还能保留一些画面内容（见图8.18）。

图8.18 将"特效"—"热门"中的"逆光对焦"特效添加至时间线上第四个镜头的上层，并调整特效的参数

第五个镜头和第六个镜头添加的都是"特效"—"光"中的"炫彩"特效，找到"炫彩"特效后，将其添加到时间线上第五个镜头和第六个镜头的上层，并使其完整覆盖这两个镜头。同样，也要在右上方的属性面板中对特效的参数进行调节。将"不透明度"降低，让炫彩的效果不要过于明显；再将"变色速度"降至15，让画面产生变化的同时看起来真实一些（见图8.19）。

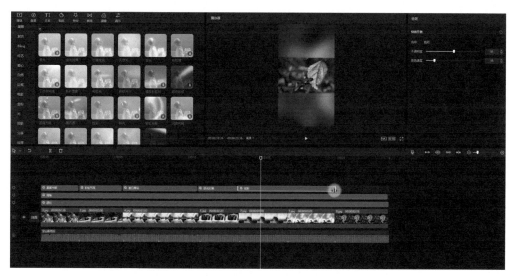

图8.19 将"特效"—"光"中的"炫彩"特效添加至时间线上第五个镜头和第六个镜头的上层，并调整特效的参数

第七个镜头添加的是"特效"—"光"中的"胶片漏光"特效,将"胶片漏光"特效放置在时间线上第七个镜头的上层,并使其完整覆盖整个镜头。再将特效的"不透明度"降至50,"速度"降到15(见图8.20)。

图8.20 将"特效"—"光"中的"胶片漏光"特效添加至时间线上第七个镜头的上层,并调整特效的参数

8.5

转场的添加与调整

在没添加转场效果时,镜头与镜头之间的转换是跳动的,非常生硬。如果想让镜头转换更加流畅,丰富画面的效果,就需要加入一些转场。《空山新雨》案例应用了一些推近、拉远的转场效果,本节就来重点讲解镜头与镜头之间转场的添加与调整技巧。

首先我们需要的是能够体现动感的转场效果,在"转场"中找到"运镜转场","运镜转场"中的转场能够让我们的视频看起来更加具有动感。在"运镜转场"中找到"推近"转场,并将"推近"转场放置在第一个镜头和第二个镜头之间,要注意的是,一定要在节奏点的位置添加转场(见图8.21)。

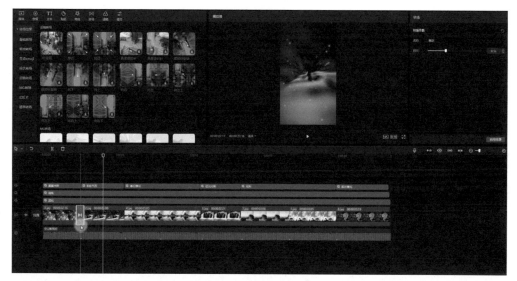

图8.21 在第一个镜头和第二个镜头之间添加"推近"转场

第二个镜头和第三个镜头之间用"转场"—"运镜转场"中的"拉远"转场。在放置的时候,转场有可能会与音频的节奏点稍稍产生一些偏差,我们需要调整一下,保证转场与节奏点是对应的,这样画面的变化与音频节奏的变化才能相互对应(见图8.22)。

图8.22 在第二个镜头和第三个镜头之间添加"拉远"转场

第四个镜头有一些光的变化,我们可以在"转场"—"特效转场"中找到"粒子"转场,将它放置在第三个镜头和第四个镜头之间。这个时候我们会发现一个问题,转场与节奏点不对应,所以我们需要调整一下镜头的时长，让转场与节奏点对应。另外，也可以调整转场的时长，选中转场后，在右上方属性面板中，可以将"粒子"转场的时长延长至0.7秒（见图8.23）。

图8.23 在第三个镜头和第四个镜头之间添加"粒子"转场，并调整镜头的时长，将转场的时长延长至0.7秒

在第四个镜头和第五个镜头之间可以添加"闪光灯"转场，"闪光灯"转场可以在"转场"—"基础转场"中找到。仍然需要调整镜头与转场的时长，使转场与节奏点对应（见图8.24）。

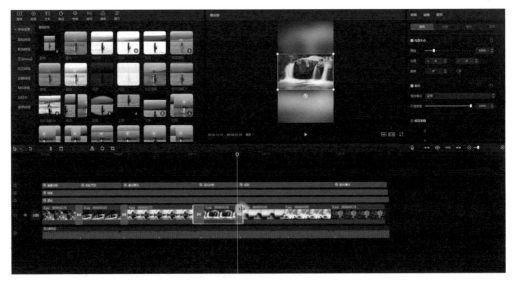

图8.24 在第四个镜头和第五个镜头之间添加"闪光灯"转场

第五个镜头和第六个镜头用的是同一个颜色特效，因此无须在它们之间添加转场。

在第六个镜头和第七个镜头之间添加"逐渐模糊"转场，同样可以在"转场"—"基础转场"中找到。然后调整转场和镜头的时长，让转场正好在节奏点的中间位置进行。同样，选中"逐渐模糊"转场后，可以将它的时长延长至0.7秒（见图8.25），让模糊的时间长一些。

图8.25 在第六个镜头和第七个镜头之间添加"逐渐模糊"转场

因为转场会缩减镜头前后的时长，所以最后我们还要调整一下最后一个镜头的时长（见图8.26）。

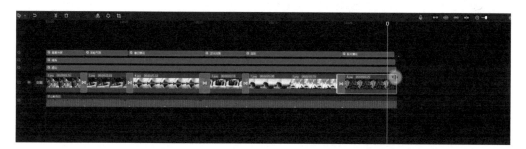

图8.26 调整最后一个镜头的时长

这样，转场就添加完成了，镜头与镜头之间的转场配合音频节奏的变化，让整个短视频的节奏感更加强烈。

8.6

画面基础动画的设置与调整

8.5节我们为短视频添加了一些转场，其实在《空山新雨》案例中，画面本身也带有一些动画效果，比如中间画面的缩小，画面的轻微抖动、快速抖动，画面从右侧滑入等，这些都是与转场相匹配的一些画面基础动画。本节我们主要探讨的就是画面基础动画的设置与调整。

选中第一个镜头，在右上方的属性面板中单击"动画"—"入场"。第一个镜头我们可以选用"动感缩小"动画，选中之后，将动画时长调整至1秒（见图8.27），这样画面运动的过程能够更好地显示出来。因为有转场，所以可以不用设置出场动画。

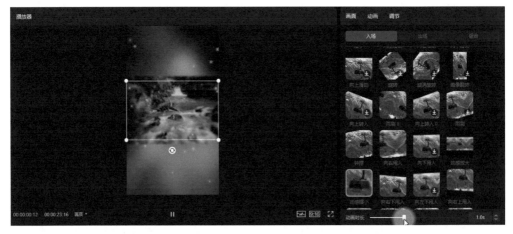

图8.27 为第一个镜头添加"动感缩小"动画，并将动画时长延长至1秒

选中第二个镜头，在"动画"—"入场"中找到"向右上甩入"动画，然后延长动画时长，让动画的效果更加明显（见图8.28）。

选中第三个镜头，在"动画"—"入场"中找到"轻微抖动"动画，然后增加动画时长。因为这个镜头本身就较长，所以我们将动画时长延长至1秒就可以了（见图8.29）。

对于第四个镜头，我们选用"动画"—"入场"中的"向左上甩入"动画，然后将动画时长延长至0.7秒（见图8.30）。

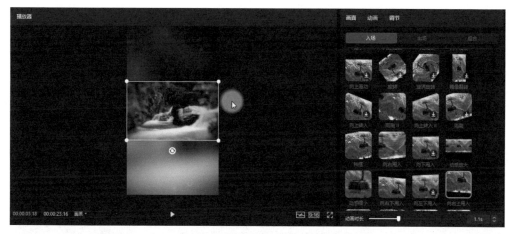

图8.28 为第二个镜头添加"向右上甩入"动画，并将动画时长延长至1.1秒

图8.29 为第三个镜头添加"轻微抖动"动画，并将动画时长延长至1秒

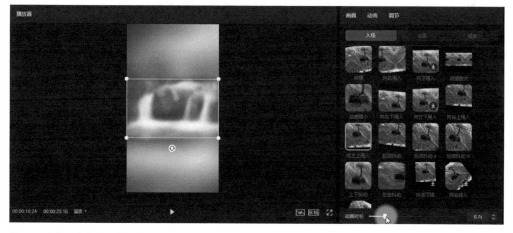

图8.30 为第四个镜头添加"向左上甩入"动画，并将动画时长延长至0.7秒

选中第五个镜头，在"动画"—"入场"中找到"雨刷"动画，然后将动画时长延长至0.8秒（见图8.31）。

选中第六个镜头，在"动画"—"入场"中找到"钟摆"动画，为了体现出摆动效果，我们可以将动画时长延长至1秒（见图8.32）。

最后，选中第七个镜头，在"动画"—"入场"中找到"向右上甩入"动画，然后延长动画时长，让效果更明显（见图8.33）。

这样7个镜头的动画效果就制作完成了，转场配合画面基础动画，产生了一种复合的运动效果，让短视频变得更加精彩。

图8.31 为第五个镜头添加"雨刷"动画，并将动画时长延长至0.8秒

图8.32 为第六个镜头添加"钟摆"动画，并将动画时长延长至1秒

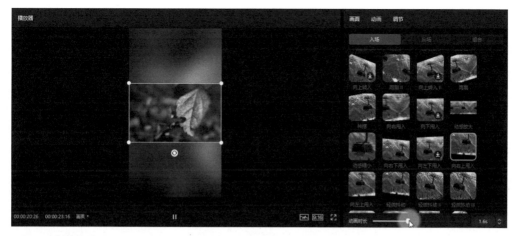

图8.33 为第七个镜头添加"向右上甩入"动画,并将动画时长延长至1.6秒

8.7
整体调色与片头文字的添加

《空山新雨》案例在整体色调上进行了一些调整,另外,片头有"空山新雨"这几个文字缩放的设置,与画面进行了融合,形成了同时播放的效果。本节就来介绍一下整体调色的流程和方法,以及片头文字的添加。

首先进行整体调色。单击"滤镜",《空山新雨》属于风景类型,所以单击"风景"分类后,找到"仲夏"滤镜,然后将它放置在时间线上,并调整其覆盖范围,使其覆盖所有镜头(见图8.34)。

添加之后,滤镜的效果并不明显,所以我们还需要添加第二层。这次我们单击"调节"—"自定义调节",添加一个自定义调节层。在右上方属性面板的"基础"中,将"饱和度"提高一些,让画面更加通透;然后将"对比度"提高一些,来加强画面的反差;再将"阴影"稍微提高;"光感"和"亮度"也提高一些,让画面更明亮;再稍微提高"暗角"(见图8.35)。然后到"色轮"里,让"中间调"偏暖色一些,同时让"阴影"和"高光"也偏暖色一些(见图8.36),这样画面整体的色调就非常暖了。完成之后,使整个自定义调节层覆盖所有镜头(见图8.37)。

图8.34 为所有镜头添加"仲夏"滤镜

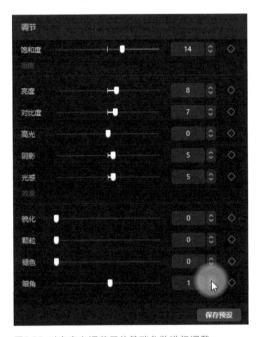

图8.35 对自定义调节层的基础参数进行调整

图8.36 将色轮中的"中间调""阴影""高光"都向偏暖色的方向调整

图8.37 调整自定义调节层的覆盖范围，使其覆盖所有镜头

接下来添加片头文字。选中"文本"，将"默认文本"拖动至时间线上片头的位置，再到右上方的属性面板中输入文字"空山新雨"，然后将字体更改为"黑糖体"，字号调整至32，并添加描边，但是要让描边细一些，这样会增加文字的立体感（见图8.38）。

图8.38 添加片头文字"空山新雨"，并对文字进行样式设置

完成之后，我们再为片头文字添加动画效果。单击"动画"，因为之前我们为画面应用的是从大到小的动画，为了形成呼应，可以在"入场"中找到"缩小"动画，并延长动画时长（见图8.39）。最后，别忘了调整片头文字的时长，让它完整覆盖第一个镜头（见图8.40）。

图8.39 为片头文字添加"缩小"动画

图8.40 调整片头文字的时长

8.8

MV 歌词效果的快速制作

《空山新雨》案例添加了像MV歌词一样的音频字幕，那么如何快速制作这种效果，而不是一个字一个字地输入呢？本节就来介绍一下MV歌词效果的添加，以及如何将MV歌词的样式调整得更加规范。

首先，我们要对音频的歌词进行识别，可利用"文本"中的"识别歌词"。这里要说明一点，本案例使用的音频是从剪映自带的音频库中选择的，所以歌词非常容易识别；如果是从外部导入的音频，识别效果可能就会差一些，甚至可能出现歌词无法完全识别的状况。

单击"开始识别"（见图8.41），软件会自动识别出歌词，并将其显示在时间线上和画面中（见图8.42），并且可以与音频对应。

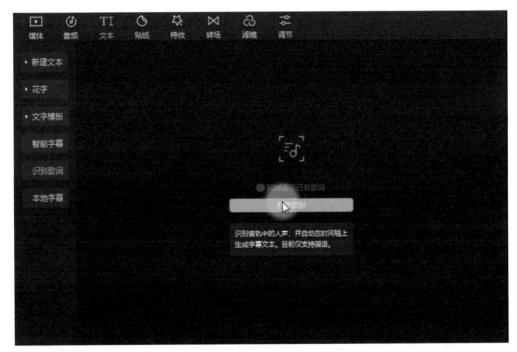

图8.41 单击"文本"—"识别歌词"—"开始识别"

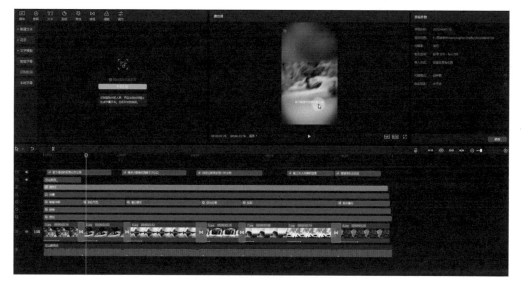

图8.42 识别出的歌词会同时显示在时间线上和画面中

接下来，我们还要调整一下字幕，让字幕更加规范。首先我们要对歌词进行断句。选中字幕之后，在需要断句的位置添加空格，比如第一句为"取下褪漆的钗 就化作尘埃"（见图8.43），第二句为"喝多少暖身的酒 暖不了心口"，第三句为"待空山新雨后 放一叶小舟"。第四句和第五句本身就比较短，所以不需要进行断句。这样我们在观看视频字幕的时候，就会感到非常顺畅。

图8.43 对自动识别出的歌词进行断句

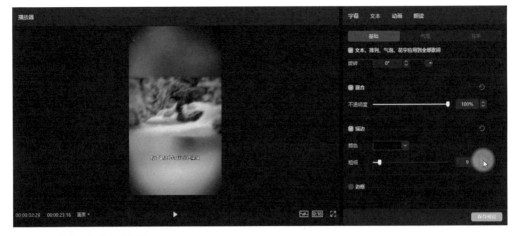

图8.44 为文字添加较细的描边

断句完成后，我们还可以对文字进行样式调整。我们通常会为文字添加较细的描边，这样可以让文字更清晰、更有立体感（见图8.44）。如果觉得文字稍小，还可以将字号调大，但不建议调得太大，否则字幕就会变成两行。完成之后，记得在右上方属性面板的"文本"中勾选"文本、排列、气泡、花字应用到全部歌词"（见图8.45），这样所有字幕就可以清晰、规范地出现在画面中了。

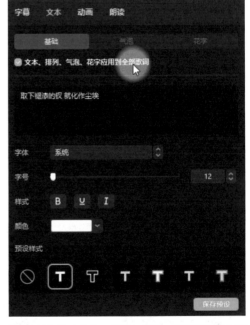

图8.45 勾选"文本、排列、气泡、花字应用到全部歌词"

如果想对字幕应用一些动画效果，可以选中时间线上的字幕，单击"动画"—"入场"，选择"晕开"动画（见图8.46）；然后单击"动画"—"出场"，选择"渐隐"动画（见图8.47）。需要注意的是，动画效果是没有办法统一应用的，每一条字幕都需要单独进行设置。

图8.46 对第一条字幕应用"晕开"动画

图8.47 对第一条字幕应用"渐隐"动画

第9章
•••••

文创短视频
——《雕刻之光》案例

本章我们将以文创短视频《雕刻之光》为例，来讲解基础蒙版的添加与使用。

在《雕刻之光》案例中，我们能够看到画面不断进行切换，例如画面不断从左向右进行切换，还有画中画的显示方式、双屏的显示方式、多素材的显示方式，以及画面从暗到亮逐渐扩充、从上到下逐渐运动的渐变显示方式，这些都是用基础蒙版制作的效果。

在正式开始学习之前，大家可以先扫描二维码观看一下制作完成的《雕刻之光》。

9.1

画面变换蒙版的添加与使用

本节我们学习画面变换蒙版的添加与使用，其中重点讲解的是基础蒙版的添加，以及如何应用蒙版运动表现让画面运动起来。

首先打开剪映的创作界面，导入本案例的第一个素材，截取素材中一段8秒左右的内容后，将它添加到时间线上。然后单击"音频"，搜索"纯音乐（古风）"，找到合适的音频后将其拖动到时间线上，并进行初步的分割和剪裁。这样第一个镜头和音频就有了（见图9.1）。

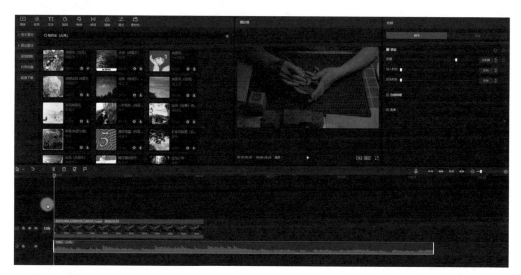

图9.1 将第一个镜头和音频添加至时间线上

接下来我们复制第一个镜头。选中第一个镜头以后，单击鼠标右键，在列表中选择"复制"；然后在空白处再次单击鼠标右键，在列表中选择"粘贴"。这样第一个镜头就被复制出来了（见图9.2）。

图9.2 复制第一个镜头

剪映默认会选中上一层被复制的镜头，在右上方属性面板的"画面"选项中，单击"蒙版"，选择"线性"蒙版，这样就为被复制的镜头添加了一个线性蒙版。将鼠标指针放置在播放器中央的旋转图标上，将蒙版顺时针旋转90度，使其从左到右显示（见图9.3）。

图9.3 对上一层镜头执行"画面"—"蒙版"—"线性"，并将蒙版顺时针旋转90度

此时画面并没有什么变化。如果我们要让画面产生变化，还要对下一层镜头进行调节，让两个镜头产生对比。选中下一层镜头后，在右上方的属性面板中单击"调节"，将"饱和度"降至-50，再提高"亮度"和"对比度"，"高光"和"阴影"也提高一些，将"光感"稍微降低一些（见图9.4）。这样画面就会形成一个明显的对比。

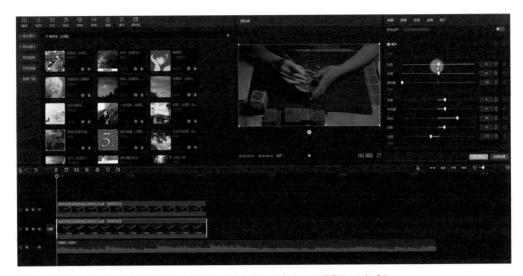

图9.4 调整下一层镜头的"饱和度""亮度""对比度""高光""阴影""光感"

再次选中上一层镜头，回到"画面"中的"蒙版"，调整蒙版的位置。如果想要实现画面从黑白到彩色的变换，首先要将时间线上的白色滑杆放置在最左侧的位置，然后将蒙版滑杆放置在播放器中画面的最右侧，单击"位置"后面的"添加关键帧"，设定一个起点（见图9.5）；再将时间线上的白色滑杆放置在第一个镜头快要结束的位置，然后将蒙版滑杆由画面的最右侧拉至画面的最左侧，单击"添加关键帧"设定一个终点（见图9.6）。这样画面就会从右向左由黑白变为彩色（见图9.7），且过渡非常顺畅。

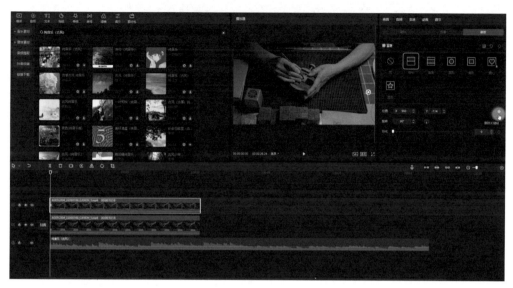

图9.5 通过"添加关键帧"设定起点

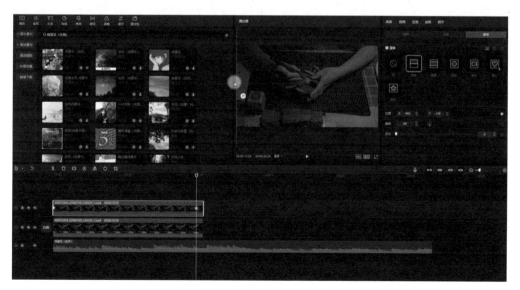

图9.6 通过"添加关键帧"设定终点

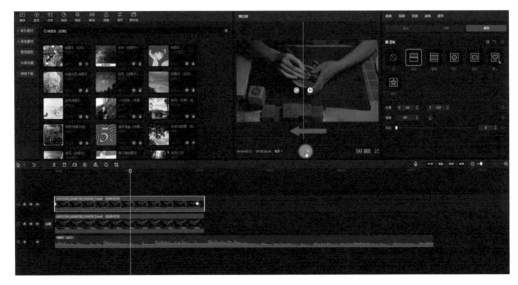

图9.7 画面从右向左由黑白变为彩色

　　但是在变化的过程中，黑白画面和彩色画面的边缘有一些锐利，我们可以向右拖动"羽化"滑块来提高羽化值（见图9.8），这样画面的边缘就会变得非常柔和。

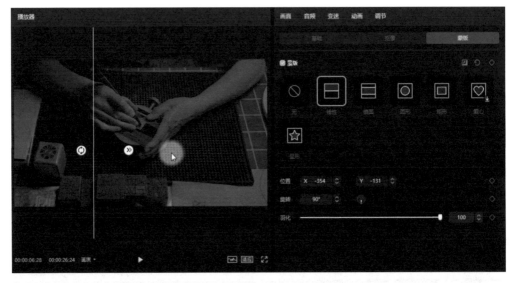

图9.8 向右拖动"羽化"滑块，将羽化值提高至100

9.2

双屏画面与蒙版设置

在《雕刻之光》案例的第二个镜头中，一个画面同时显示了两个不同的动态素材，而且有一个蒙版从画面的左侧到右侧渐显的过程。这种双屏画面具有分别显示、分别介绍的作用，经常会用在文创短视频的制作中。本节我们就来学习一下双屏画面的设置，以及如何添加一个从左向右的蒙版运动效果。

首先导入相应的素材并进行有效截取。将第一个素材放置到时间线上，这个素材在成片中是快放的效果，这就需要我们对它的播放速度进行调节。在右上方的属性面板中，单击"变速"，将变速倍数设置为3.6x（见图9.9）。再选择第二个素材，同样截取相应的片段放置在时间线上，然后将变速倍数设置为1.9x。调整上层素材的时长，使上下两个素材对齐（见图9.10）。此时播放器中默认显示的是上层素材的内容。在播放器中先将上层素材稍微向右移动，再将下层素材稍微向左移动，这样两个素材都能够在画面中显示（见图9.11）。

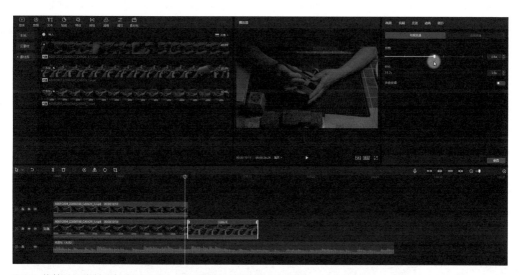

图9.9 将第一层素材添加至时间线上，并将其变速倍数设置为3.6x

图9.10 将第二层素材添加至时间线上，并将其变速倍数设置为1.9x，让上下两层素材对齐

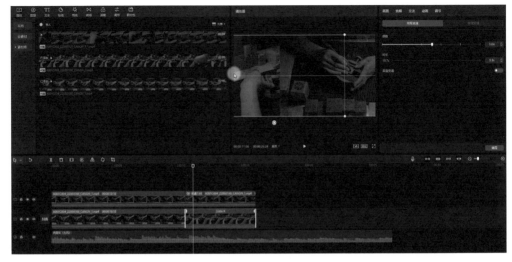

图9.11 在播放器中分别移动两层素材，让两个素材同时显示在画面中

接下来添加一个从左向右的蒙版运动效果。我们要让上下两层素材进行融合显示，而现在两层素材的画面是相互盖住的。在右上方的属性面板中，单击"画面"—"蒙版"，选择"线性"蒙版，将蒙版顺时针旋转90度，然后调整蒙版的位置（见图9.12）。调整完后，蒙版将上层素材多余的部分盖住了，显示出下层素材的画面。稍微提高羽化值，让它们能够融合得更加自然（见图9.13）。

图9.12 单击"画面"—"蒙版"，选择"线性"蒙版，将蒙版顺时针旋转90度，并调整蒙版的位置

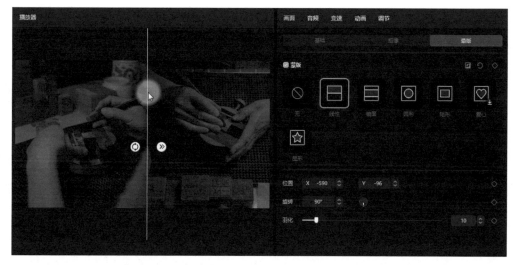

图9.13 将羽化值提高至10，让两个画面融合得更加自然

　　我们还需要为这个画面添加从左到右位移的动画效果。将白色滑杆放置在时间线上第二个镜头的开头位置，然后在播放器中将蒙版滑杆调整到靠左的位置，在右上方的属性面板中，单击"位置"后面的"添加关键帧"（见图9.14）；再将白色滑杆放置在第二个镜头的中间，将播放器中的蒙版滑杆也稍稍移动（见图9.15），让画面实现从左到右的运动效果。这样第二个镜头双屏运动的效果就完成了。

图9.14 将白色滑杆放置在时间线中第二个镜头的开头位置，然后在播放器中将蒙版滑杆调整到靠左的位置，单击右上方的属性面板中的"添加关键帧"，设置起点

图9.15 将白色滑杆放置在第二个镜头的中间，将播放器中的蒙版滑杆也稍稍移动，并利用"添加关键帧"设置终点

9.3
画中画蒙版效果

　　《雕刻之光》案例的第三个镜头应用了画中画蒙版效果。在这个镜头中，原画面显示的是一个人正在雕刻，而画面的右下角显示的是一个小的素材画面，这也是用蒙版制作的。

　　我们先导入需要的素材。首先截取下层素材中一段7秒左右的内容添加至时间线上，再截取上层素材的内容也添加至时间线上。放置完成之后发现，上层素材比较长，所以我们应对上层素材进行分割，删除分割线后面的部分。再将上层素材的变速倍数设置为1.7x，让上下两层素材对齐（见图9.16）。

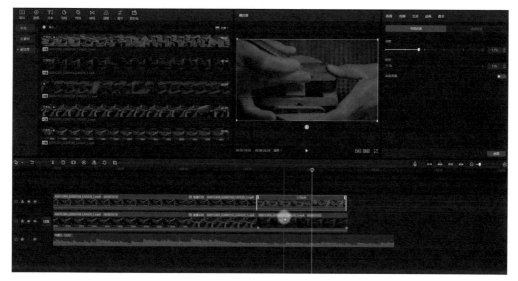

图9.16 导入并截取两段素材，并保证上下两层素材对齐

　　接下来对上层素材添加蒙版。选中上层素材，单击右上方属性面板中的"画面"—"蒙版"，然后选择"圆形"蒙版，找到需要重点展示的画面。该镜头需要重点展示的就是印章雕刻的纹路，所以蒙版突出显示的内容需要定位在这里（见图9.17）。然后将蒙版放到画面的右下角，此时我们需要回到"画面"—"基础"，在播放器中拖动画面，将需要重点展示的部分放置在画面的右下角（见图9.18）。放好之后，再回到"画面"—"蒙版"，我们需要调整蒙版的大小，将突出显示的范围缩小，以更好地突出印章的纹路，同时再将羽化值提高一些（见图9.19）。

图9.17 对上层素材添加"圆形"蒙版，并将蒙版突出显示的内容定位在印章雕刻的纹路上

图9.18 回到"画面"—"基础",在播放器中拖动画面,将需要重点展示的部分放置在画面的右下角

图9.19 将突出显示的范围缩小,并将羽化值提高至8

我们还可以设置羽化效果的动态变化。首先将白色滑杆放置在第三个镜头的开头位置,将羽化值设置为0,然后单击"羽化"后面的"添加关键帧"(见图9.20);再将白色滑杆向右移动,将羽化值设置为9,单击"添加关键帧"(见图9.21)。这样一个羽化效果的动态变化就设置完成了(见图9.22)。同时,

我们的画中画蒙版效果也制作完成了，两个画面融合在一起，有背景内容，有突出显示内容，让画面看起来非常丰富、饱满。

图9.20 将白色滑杆放置在第三个镜头的开头位置，将羽化值设置为0，然后单击"羽化"后面的"添加关键帧"，确定羽化效果动态变化的起点

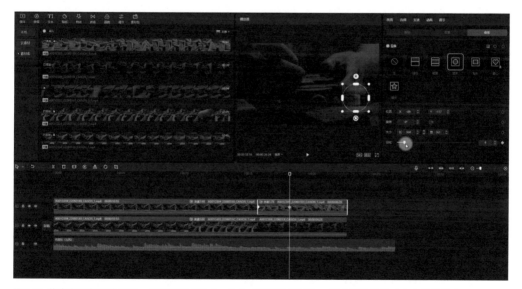

图9.21 将白色滑杆向右移动，羽化值设置为9，单击"添加关键帧"，确定羽化效果动态变化的终点

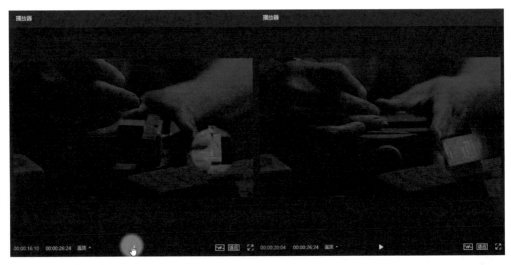

图9.22 设置完成后，右下角的画中画由边缘清晰到逐渐与背景融合

9.4

多素材画面效果

《雕刻之光》案例的第四个镜头应用了多素材画面效果。多素材画面效果是指背景为一个素材，画面左边有一个矩形的内容，画面右边也有一个矩形的内容，两个矩形的内容用于着重说明，而背景是对当前环境的描述。因此，多素材画面效果的好处是既能更多地展示我们想要强调的内容，也能展示整体的环境。本节我们就来讲解一下多素材画面效果的设置，以及每一段素材蒙版设置的方法。

首先导入需要的3个素材。先选择背景素材，将素材截取之后拖动到时间线上；然后选择第二层素材，截取后将其放置在时间线上，再对它进行精剪，使其与背景素材对齐；再选择第三层素材，同样需要对其进行截取，截取后将其放置在第三层时间线上，再进行精剪（见图9.23）。需要注意的是，第三层素材的开头要与前两层素材形成一个阶梯状，以便我们后续添加蒙版时让画面呈现出逐渐显示的效果。

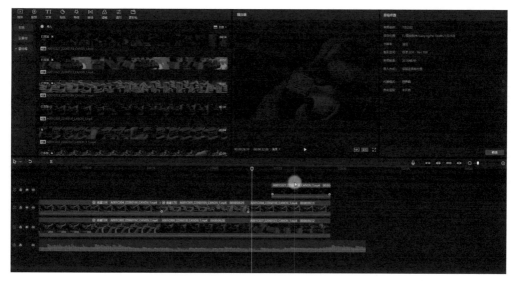

图9.23 导入3个素材并调整其时长

接下来，我们就需要为3个素材逐一添加蒙版了。首先选中第二层素材，单击右上方属性面板中的"画面"—"蒙版"，选择"矩形"蒙版，再单击蒙版左上角的圆弧标志，将矩形的4个角变成圆弧状，再精确调整蒙版显示的内容（见图9.24）。回到"画面"—"基础"，将蒙版放置在画面的左侧（见图9.25）。

图9.24 选中第二层素材，单击"画面"—"蒙版"—"矩形"，单击蒙版左上角的圆弧标志，将矩形的4个角变成圆弧状，然后精确调整蒙版显示的内容

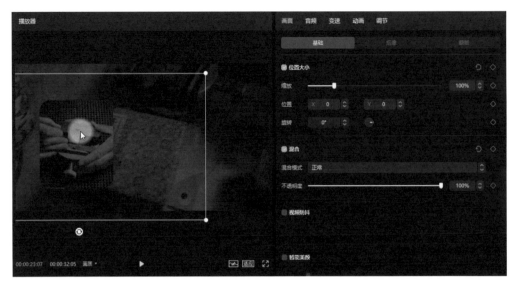

图9.25 回到"画面"—"基础",将蒙版放置在画面的左侧

　　同理,选中第三层素材,单击右上方属性面板中的"画面"—"蒙版",选择"矩形"蒙版,单击左上角的圆弧标志,将矩形的4个角变成圆弧状,并精确调整蒙版显示的内容,蒙版的形状尽量与第二层素材的蒙版保持一致。我们可以参考右上方"位置"给出的数据(见图9.26),回到"画面"—"基础",调整蒙版的位置(见图9.27)。这样多素材画面效果就做好了。

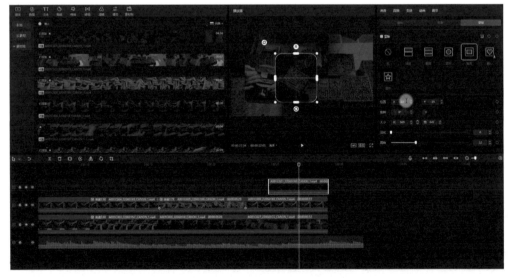

图9.26 选中第三层画面,单击"画面"—"蒙版"—"矩形",单击蒙版左上角的圆弧标志,将矩形的4个角变成圆弧状,然后精确调整蒙版显示的内容

图9.27 回到"画面"—"基础",将蒙版放置在画面的右侧

9.5

多画面蒙版效果的表现

9.4节我们进行了多素材画面效果的设置,并为素材添加了蒙版,本节我们要对蒙版效果进行一些设置,比如让背景部分变得模糊,从而与前面清晰的画面形成虚实对比,突出显示我们需要展示的内容。我们也可以羽化蒙版的边缘,让蒙版画面与背景融合,突出虚实的结合,从而将我们需要突出的两个矩形的画面内容进行有效的展示。另外,我们在蒙版画面转场的部分也可以进行一些设置。本节就来重点讲解一下蒙版画面特效与蒙版画面转场的添加。

首先为背景层添加一个模糊特效。这里要注意,我们一定要选中背景层,而且背景层一定要放置在最下面的视频轨道上,这样在右上方的属性面板中才会显示"背景"这个选项(见图9.28)。单击"背景",然后选择"模糊",选择一个合适的模糊程度,这样背景就变得模糊了。接下来,我们要对第二层素材进行羽化设置。选中第二层素材后,将羽化值设置为9(见图9.29)。再将第三层素材的羽化值也设置为9(见图9.30)。这样,这两层素材都能很好地融入背景。

图9.28 选中背景层，且背景层处于视频最下面的轨道上，右上方的属性面板中才会显示"背景"选项

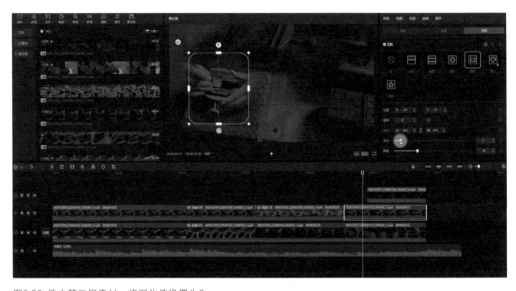

图9.29 选中第二层素材，将羽化值设置为9

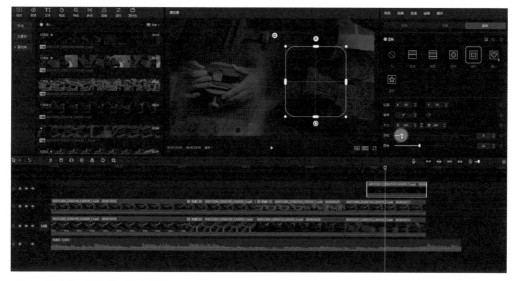

图9.30 选中第三层素材，将羽化值设置为9

接下来，我们添加蒙版画面的转场。首先选中第二层素材，单击"动画"—"入场"，选择"渐显"，将动画时长延长至1秒（见图9.31）。再选中第三层素材，单击"动画"—"入场"，选择"渐显"，将动画时长延长至1秒（见图9.32）。最后，选中背景层，单击"动画"—"入场"，选择"渐显"，将动画时长也延长至1秒（见图9.33）。这样三个画面的转场效果就添加完毕了。

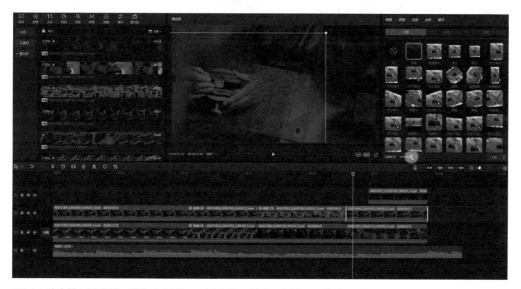

图9.31 选中第二层素材，单击"动画"—"入场"，选择"渐显"，将动画时长延长至1秒

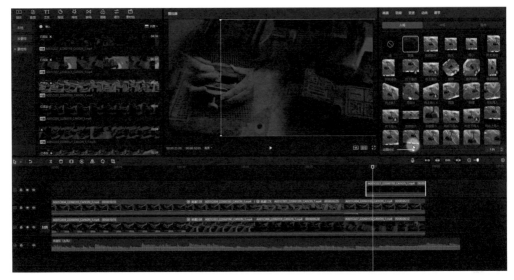

图9.32 选中第三层素材，单击"动画"—"入场"，选择"渐显"，将动画时长延长至1秒

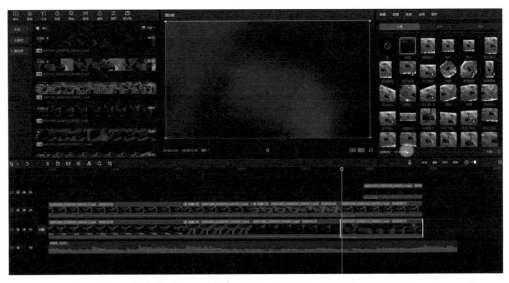

图9.33 选中背景层素材，单击"动画"—"入场"，选择"渐显"，将动画时长延长至1秒

　　最后，我们对设置的一些细节进行调整。例如，将第二层素材的羽化值降低一些，将"圆角"也降低一些，让画面的边缘更加明显（见图9.34）。可以看到调整以后，左侧矩形画面的边缘更加清晰了，而右侧的矩形画面没有调整，边缘是融入背景中的，两者之间形成了虚实对比，丰富了画面（见图9.35）。

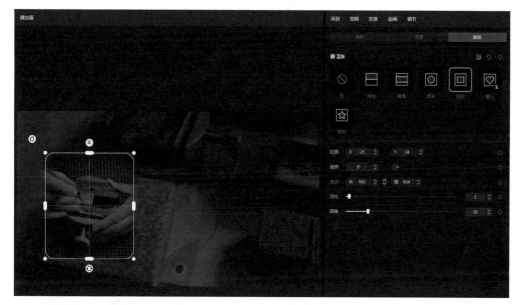

图9.34 选中第二层素材，将羽化值和"圆角"降低一些，让画面的边缘更加明显

图9.35 左右两个画面形成了虚实对比

9.6

渐变蒙版效果

前面几节介绍了形状蒙版、多画面蒙版等效果，本节我们来聊聊渐变蒙版效果的设置，看看如何利用渐变蒙版实现画面的自然过渡。

首先导入第五个镜头相应的素材，初步截取后将素材添加至时间线上。但素材还是太长，此时我们可以将其变速倍数设置为3.4x，并将音频的结尾向右拖动，使之与视频素材的结尾对齐（见图9.36）。

图9.36 将截取后的素材添加至时间线上，并将其变速倍数设置为3.4x，将音频的结尾向右拖动，使之与视频素材的结尾对齐

接下来，我们加入相应的渐变蒙版。选中第五个镜头，单击右上方属性面板中的"画面"—"蒙版"，选择"圆形"蒙版。选择之后我们发现，只有圆形内的素材内容是显示出来的，而素材的其他部分变成了黑色（见图9.37）。将白色滑杆放置在第五个镜头的开头位置，然后将蒙版的圆形稍稍调大一些，并将羽化值设置为30，让圆形的边缘向外扩充一些（见图9.38）。然后，单击"大小"后面的"添加关键帧"（见图9.39），再将白色滑杆放置在第五个镜头的中间位置，然后将蒙版的圆形再次拉大（见图9.40）。最终的效果非常有趣，是一个非常明显的阴影逐渐扩充，即黑色的部分逐渐进行扩充，直至整个画面充满屏幕。

图9.37 选中第五个镜头，单击右上方属性面板中的"画面"—"蒙版"—"圆形"

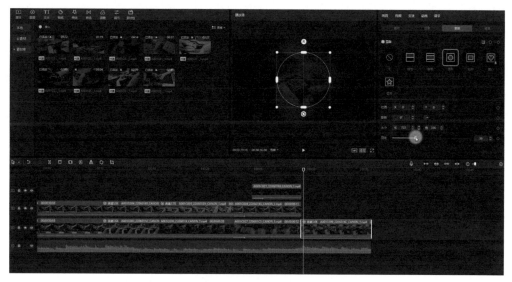

图9.38 将蒙版的圆形调大一些，并将羽化值设置为30

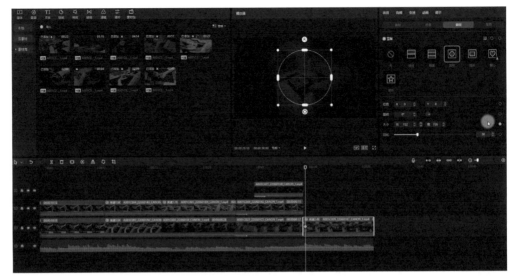

图9.39 将白色滑杆放置在第五个镜头的开头位置，单击"大小"后面的"添加关键帧"

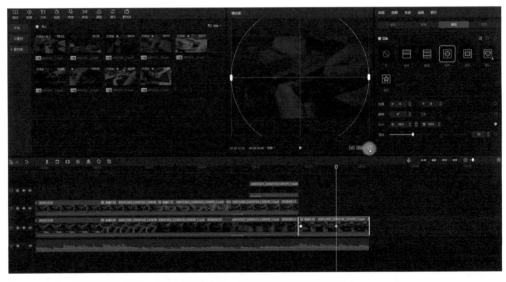

图9.40 将白色滑杆放置在第五个镜头的中间位置，然后将蒙版的圆形再次拉大

导入第六个镜头的素材并进行截取，然后将其添加至时间线上。因为这个素材是慢镜拍摄的，所以要适当快放，在右上方的属性面板中单击"变速"，将"倍数"设置为2.0x，然后将音频的结尾与视频素材的结尾对齐（见图9.41）。然后回到"画面"—"蒙版"，为第六个镜头添加"镜面"蒙版（见图9.42）。我们看到镜面蒙版的运动，会让画面从下开始聚焦显示到你需要显示的画面位置。同样，还是要调节羽化值，让蒙版效果有一些过渡。然后，将白色滑杆放置在时间线上第六个镜头的开头位置，并将蒙版放置在

画面的上方，然后单击"位置"后的"添加关键帧"，设置起点（见图9.43）；再将白色滑杆放置到第六个镜头的中间位置，并将蒙版下移，单击"添加关键帧"，设置终点（见图9.44）。这样就可以实现由上到下的蒙版运动变化了。最后，我们还可以调整一下羽化值，将羽化值提高至59，让蒙版的边缘更加柔和，这样画面也能够更好地聚焦在我们想要重点展示的内容上。

通过上述方法，两个渐变蒙版就制作完成了，一个呈圆形不断向画面的边缘扩充，一个从上向下逐渐移动，两种渐变蒙版的效果都非常好。

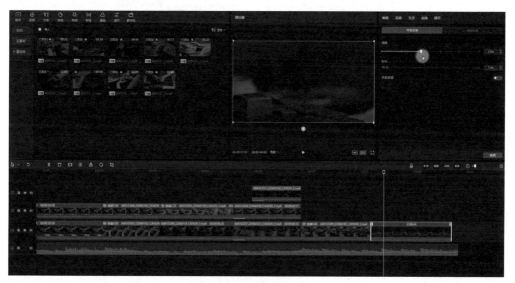

图9.41 导入第六个镜头的素材，并将该素材的变速倍数设置为2.0x

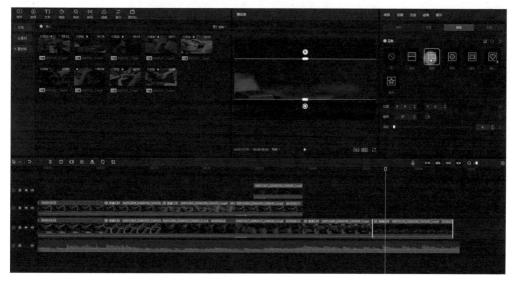

图9.42 为第六个镜头添加"镜面"蒙版

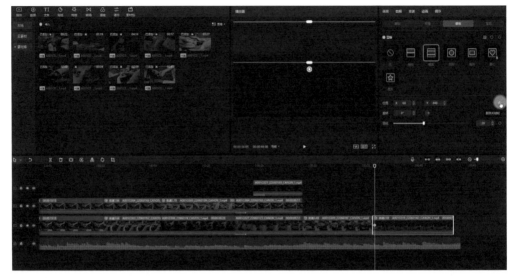

图9.43 将白色滑杆放置在时间线上第六个镜头的开头位置，将蒙版放置在画面的上方，然后单击"位置"后的"添加关键帧"，设置起点

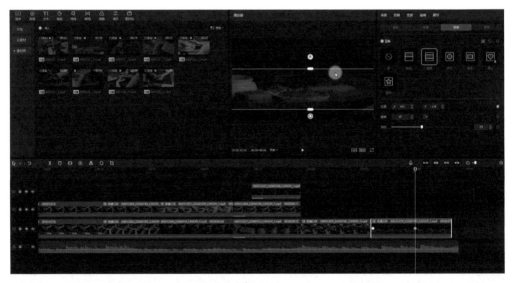

图9.44 将白色滑杆放置到第六个镜头的中间位置，将蒙版下移，单击"添加关键帧"，设置终点

9.7
一级调色与二级调色的应用

本节我们来探讨一下《雕刻之光》案例中二级调色的应用。我们通常将调色步骤放在视频剪辑过程的最后，这样能够让画面的颜色更加统一。所谓二级调色，是视频剪辑中独有的一个环节。视频通常都要经过二级调色，一级调色是指基本颜色的调整，而二级调色针对的是局部，或者说是针对细节部分进行的颜色调整。本节我们就来分别聊聊一级调色的应用，也就是一些滤镜的添加，以及二级调色的应用，即针对一些局部和细节进行的颜色调整。

本案例没有经过调色的画面，整体偏灰、偏暗，所以我们首先要为整体画面添加一层颜色滤镜。应用滤镜库中的滤镜，可以快速地调整画面的颜色。单击"滤镜"之后，我们可以选择"人像"中的"亮肤"滤镜，因为画面重点表现的是正在雕刻的双手。选中"亮肤"滤镜后，将其拖动到时间线上。滤镜默认的时长大概是3秒，因此我们需要使"亮肤"滤镜覆盖所有镜头（见图9.45），这样视频中双手的肤色就会产生明显的变化（见图9.46）。

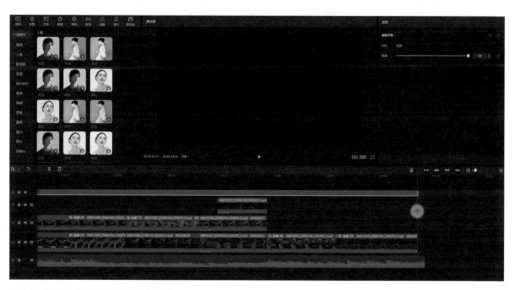

图9.45 为所有镜头添加"亮肤"滤镜

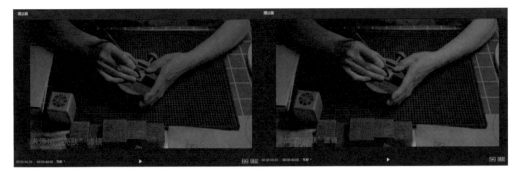

图9.46 未添加"亮肤"滤镜的画面与添加了"亮肤"滤镜的画面对比

　　添加"亮肤"滤镜属于一级调色的过程，它是针对肤色进行的一些调整，而整个画面的细节并没有什么改变，所以我们还需要进行二级调色。单击"调节"，将自定义调节层拖动到时间线上"亮肤"滤镜的上一层，并使其覆盖所有镜头（见图9.47）。

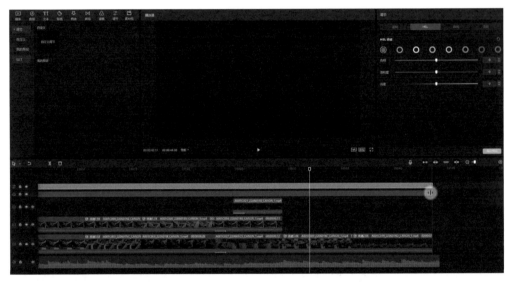

图9.47 为所有镜头添加自定义调节层

　　接下来，我们就可以在自定义调节层中对画面的细节进行调整了。在右上方的属性面板中，单击"调节"—"基础"，为了增加反差，可以提高"对比度"，这样人物就从背景中凸显出来了；再提高"阴影"，让画面的阴影部分稍微亮一些；整个画面还是稍稍有些暗，我们提高"亮度"；提高一些"光感"，让画面更亮；再提高一些"暗角"（见图9.48）。接下来，单击"调节"—"HSL"，由于画面有些偏黄，所以我们可以选中橘黄色，把它的"饱和度"降低一些，把"亮度"提高一些（见图9.49）。可以发现，二级调色后，画面的质感明显提升了很多（见图9.50）。至此，我们就完成了《雕刻之光》案例的调色工作，接下来就可以对短视频进行导出了。

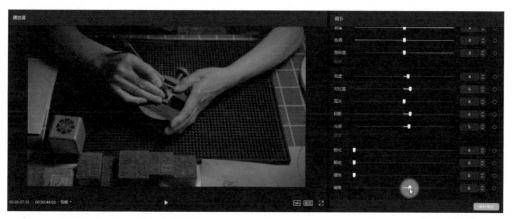

图9.48 对自定义调节层进行一些基础调整

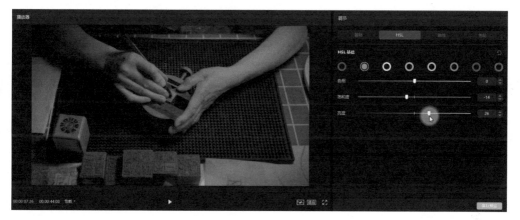

图9.49 对自定义调节层进行HSL调整

图9.50 未添加自定义调节层的画面与添加了自定义调节层的画面对比

第10章

朋友圈九宫格短视频
——《景山御园》案例

　　我们在朋友圈发照片时，通常会发 9 张图片，使其形成一个规整的九宫格形式。其实我们在朋友圈发短视频时，也可以将视频的画面切分成九宫格，这样可以让短视频的形式更加新颖、有趣。

　　本章我们就以短视频案例《景山御园》为例，来看看朋友圈九宫格短视频是如何制作的。在正式开始学习之前，大家可以先扫描二维码观看一下《景山御园》案例的成片。

10.1

素材的粗剪与卡点

我们先来看看《景山御园》案例素材的粗剪以及与节奏点的匹配是如何完成的。

首先我们需要一张九宫格的图片（见图10.1），这张图片可以在Photoshop中制作，再导入剪映。

将素材全部导入后，可以将素材的显示方式从"宫格"形式更改为"列表"形式，这样能够让素材的名称和内容完整显示（见图10.2）。第一个镜头我们选择列表最上方的素材，截取后将其放置在时间线上，并将素材的原声关闭（见图10.3）。

接下来，单击"音频"，在搜索栏中搜索"宫廷舞蹈"，选中"宫廷舞蹈"音频后，将它拖动到时间线上，并进行相应的裁剪。可以将音频的开头部分删掉（见图10.4），因为朋友圈视频的时长较短。单击"自动踩点"，进行节奏点的自动标记，为视频素材的剪裁提供参照。将第一个镜头的尾端向后拖动，使其延长至第一个节奏点的位置（见图10.5）。

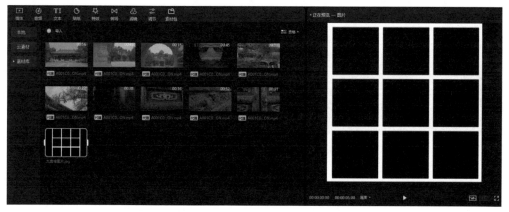

图10.1 准备一张九宫格的图片

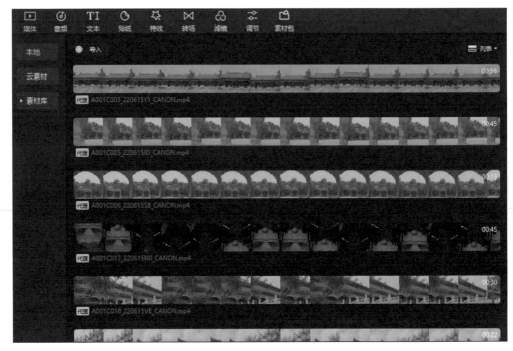

图10.2 将素材的显示方式从"宫格"形式更改为"列表"形式，让素材的名称和内容完整显示

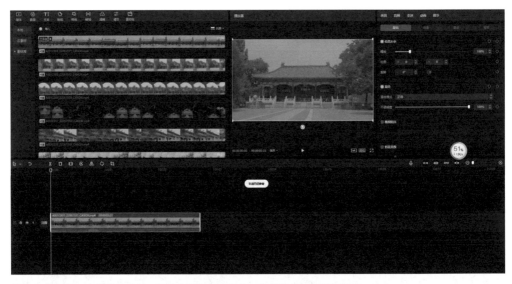

图10.3 截取第一个镜头的素材，将其放置在时间线上，并将素材的原声关闭

图10.4 删掉"宫廷舞蹈"音频的开头部分

图10.5 通过"自动踩点"标记节奏点,将第一个镜头的尾端向后拖动,使其延长至第一个节奏点的位置

现在添加第二个镜头。选中素材列表中的第三个素材,截取一段比较合适的内容,将其拖动到时间线上,然后根据节奏点的位置对素材的时长进行调整(见图10.6)。

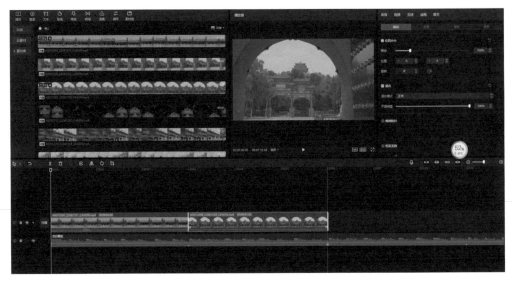

图10.6 添加第二个镜头的素材,并根据节奏点的位置对素材的时长进行调整

第三个镜头选用素材列表中的第二个素材,同样需要对其进行有效截取,然后将其拖动到时间线上,并与节奏点进行匹配(见图10.7)。

图10.7 添加第三个镜头的素材,并根据节奏点的位置对素材的时长进行调整

第四个镜头选用素材列表中的第五个素材,同样,将截取后的素材拖动到时间线上,并与节奏点进行匹配(见图10.8)。

图10.8 添加第四个镜头的素材，并根据节奏点的位置对素材的时长进行调整

第五个镜头选中素材列表中的第六个素材，挑选其中一段比较好的内容添加到时间线上。在时间线上对素材做进一步调整，确保其与节奏点匹配（见图10.9）。

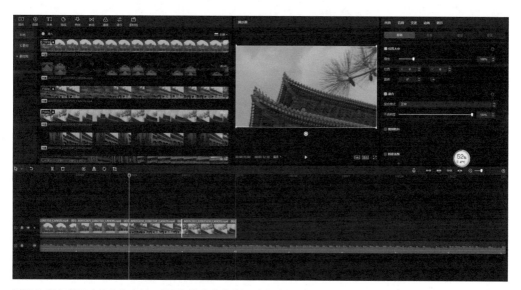

图10.9 添加第五个镜头的素材，并根据节奏点的位置对素材的时长进行调整

后面的内容以此类推，粗剪视频的目标时长是20秒左右。至此，我们就完成了素材的粗剪与卡点。

10.2
画面倾斜与抖动的修正

视频中的一些素材可能会有画面倾斜和抖动的问题，这需要我们通过后期调整进行修正。当然，如果是非常严重的抖动，想要通过后期完全消除是不可能的，后期只能是弥补前期的某些不足，所以我们在前期拍摄时要尽量确保画面稳定。

在第一个镜头中我们看到，建筑物明显倾斜（见图10.10），此时我们就要对它进行调整。在右上方的属性面板中，单击"画面"—"基础"，将"旋转"设置为-1度。但旋转后的画面四周产生了黑边，所以我们还要增大画面的尺寸，将"缩放"设置为103%，这样建筑物就被调整为水平的了（见图10.11）。

图10.10 第一个镜头中的建筑物有些倾斜，我们需要对其进行修正

图10.11 在"画面"—"基础"中，将"旋转"设置为-1度，并将"缩放"设置为103%

在"基础"的下方有一个"视频防抖"选项，将其选中，"防抖等级"建议选择"推荐"（见图10.12），此时软件就会对整个画面进行防抖处理。它的原理实际上就是通过裁剪、缩放让画面保持一致，所以它会进行放大、缩小等处理。在这种情况下，我们将"防抖等级"设置为"推荐"，可以避免画质的严重损失。

图10.12 在"基础"的下方选中"视频防抖"选项，"防抖等级"建议选择"推荐"

同样，我们选中第二个镜头，在"画面"—"基础"中将"旋转"设置为-1度，并将"缩放"设置为103%。选中"视频防抖"选项，"防抖等级"选择"推荐"（见图10.13）。

图10.13 对第二个镜头进行旋转、缩放及防抖处理

　　第三个镜头基本是水平的，无须调整，但有一些轻微的抖动，所以我们只需要选中"视频防抖"选项（见图10.14）。这里要重点提示一下，防抖是需要运算处理的，不是立刻就能完成，需要等待所有的运算结束之后，防抖的效果才能够最终显示出来。

图10.14 对第三个镜头进行防抖处理

　　后面的镜头也采用同样的操作方法：通过旋转和缩放，对倾斜的画面进行修正；通过选中"视频防抖"，对画面的一些轻微抖动进行修正。如果以后遇到同样的问题，大家就可以采用这个方法进行处理。

10.3

组合动画与画面比例

《景山御园》案例的前几个镜头都是静止的素材，我们可以通过加入一些动画，如缩小、推出、移动，来完成动态的表现。同时由于素材的原始画面比例是16:9，所以我们还需要将画面比例调节为1:1。

我们已经依次对剩余的素材进行了选用和组接，防抖处理也已经完成（见图10.15）。现在，我们要为静止的素材添加组合动画，让其有动态的表现。

图10.15 对剩余的素材进行选用和组接

选中第一个镜头之后，在右上方的属性面板中找到"动画"，在"动画"中有"入场""出场""组合"，这里我们选择"组合"。注意，尽量不要选择带黑色边缘的动画效果。针对第一个镜头，我们可以选择"荡秋千Ⅱ"动画，让画面呈现出左摇右摆的动态变化（见图10.16）。第二个镜头可以选择"小火车"动画（见图10.17），第三个镜头可以选择"晃动旋出"动画（见图10.18）。这样3个静止的画面就都通过组合动画的选用实现了动态的表现。需要提醒大家的是，如果素材本身就是动态的，就不建议选择组合动画了。

图10.16 为第一个镜头添加"荡秋千Ⅱ"动画

图10.17 为第二个镜头添加"小火车"动画

图10.18 为第三个镜头添加"晃动旋出"组合动画

　　组合动画添加完成以后，我们需要将画面比例由原先的16∶9调成1∶1。在"播放器"的右下角，单击"适应"，然后在下拉列表中选择"1∶1"（见图10.19）。选择之后，发现素材并没有铺满整个画面（见图10.20），所以我们还需要通过"画面"—"基础"中的"缩放"对其进行调整。第一个镜头需要将缩放比例设置为190%（见图10.21），第二个镜头需要将缩放比例设置为181%，第三个镜头需要将缩放比例设置为165%，第四个镜头需要将缩放比例设置为179%。后面的镜头同理，可能每一个镜头的缩放比例都不一样，但没有经过剪裁的素材，都可以将缩放比例设置成179%。这样，素材的画面比例就可以调整为1∶1了。最后记得对所有素材进行浏览，确保缩放后的画面边缘没有出现黑边。

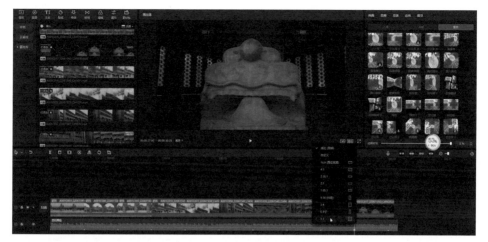

图10.19 单击"播放器"右下角的"适应"，在下拉列表中选择"1：1"

图10.20 将比例调整为"1：1"后，素材并没有铺满整个画面

图10.21 在"画面"—"基础"中，对缩放比例进行调整，使素材铺满整个画面

10.4
画面叠加与混合模式

本节我们将完成《景山御园》案例中九宫格图片与素材的叠加，看看如何让素材透过九宫格图片显示出来，使二者形成一种自然的融合效果。另外，本节还会涉及视频混合模式的调整方法。

在前面几节中，我们已经完成了素材的整体处理，以及一些动画的设置，现在我们就可以对画面进行叠加操作了。前面提到过，我们要事先制作好一张九宫格的图片，并将它导入素材库中，这张图片由黑底和白色边框构成（见图10.22）。将这张图片放置到时间线上，并让其覆盖时间线上的所有镜头（见图10.23）。

选中九宫格图片之后，在右上方的属性面板中单击"画面"—"基础"，将"混合模式"更改为"滤色"（见图10.24）。这样就可以将九宫格图片下方的素材内容映射到每一个黑色格子中，形成一种叠加和融合的效果。完成这一步之后，可以浏览一下整体画面，看看有没有细节需要修整。

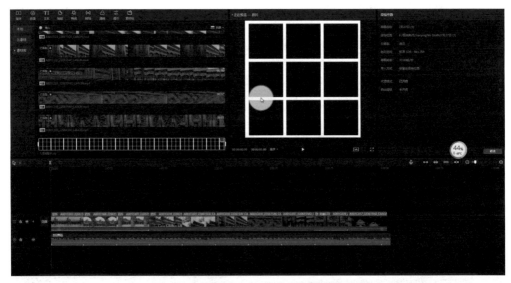

图10.22 事先制作好一张由黑底和白色边框构成的九宫格图片，并将它导入素材库中

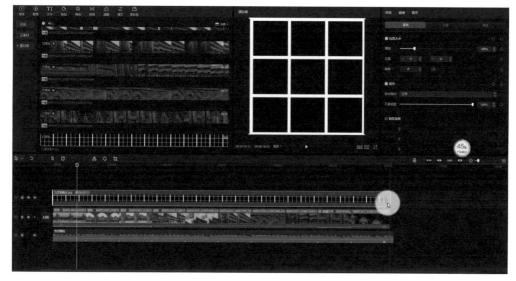

图10.23 将九宫格图片放置到时间线上，并使其覆盖时间线上的所有镜头

图10.24 选中九宫格图片后，在"画面"—"基础"中将"混合模式"更改为"滤色"

10.5
全片调色与片头文字设置

《景山御园》案例还涉及片头文字的设置、暗角的添加，以及对整体色调的调整。本节我们就来看看如何对全片进行调色，以及如何添加片头文字，从而让整个项目更加完整。

我们已经将九宫格视频的框架制作完成，现在就可以对全片进行调色了。

先到"滤镜"中选择一个合适的滤镜，因为画面中有天空，所以可以选择一个比较清爽的蓝色调滤镜，比如"古都"滤镜，然后将其放置在时间线上，并使其覆盖所有镜头（见图10.25）。可以看到，添加了滤镜后的整体画面偏暗蓝色。

图10.25 为所有镜头添加"古都"滤镜

滤镜添加完成后，接下来我们单击"调节"，将自定义调节层拖动到时间线上，并使其覆盖所有的镜头。自定义调节层主要是针对一些细节进行调整。在右上方属性面板的"基础"中，可以先提高一些"亮度"；再提高"对比度"，让反差更明显；同时提高"饱和度"；然后降低一些"高光"，让层次更明显；提高一些"阴影"；最后，将"光感"也提高一些（见图10.26）。

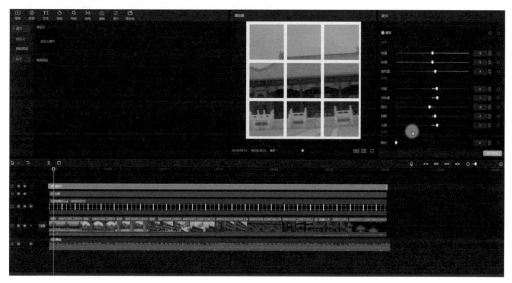

图10.26 利用自定义调节层进行一些基础调节

然后切换到"HSL"，将红色的"饱和度"降低一些（见图10.27），同时将橘黄色的"色相"降低、"亮度"提高，让画面中瓦片的颜色更加鲜艳（见图10.28）。

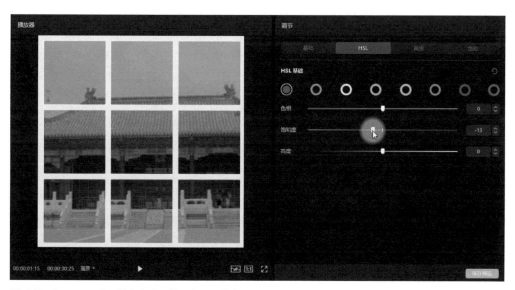

图10.27 在"HSL"中，将红色的"饱和度"调整为-13

图10.28 在"HSL"中,将橘黄色的"色相"调整为-20,"亮度"调整为18

接下来切换到"色轮",调节相应的色调。选择"一级色轮"(见图10.29),为暗部增加一些蓝色,使其偏冷色调(见图10.30)。之后,将亮部调整得偏暖色调,让二者形成较大的反差(见图10.31)。再回到"Log色轮",让高光偏蓝一些(见图10.32)。

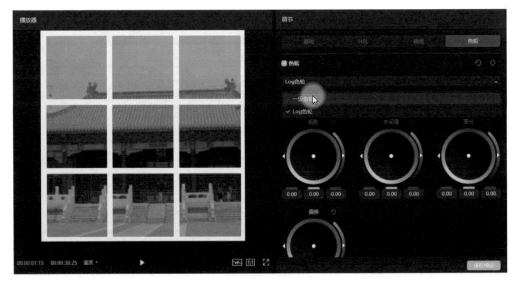

图10.29 单击"调节"—"色轮",选择"一级色轮"

图10.30 为暗部增加一些蓝色,使其偏冷色调

图10.31 让亮部偏暖色调

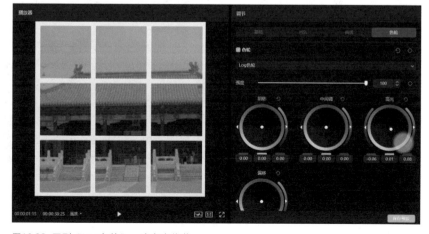

图10.32 回到"Log色轮",让高光偏蓝

调色完成之后，我们要添加相应的片头文字。单击"文本"—"文字模板"中的"手写字"。将"山川湖海"模板拖动到时间线上，并使其完整覆盖第一个镜头（见图10.33）。在右上方的属性面板中更改文字的内容，在"第1段文本"中输入"景山"，"第2段文本"中输入"御园"，同时将两段文字的字体更改为"霸燃手书"（见图10.34）。再分别为两段文字添加描边，选中"描边"后，将"描边粗细"改成4（见图10.35）。最后，可以在播放器中选中"景山御园"，调整文字的大小，让它在画面中的显示比例更合适（见图10.36）。这样，片头文字就添加完成了。

图10.33 将"文本"—"文字模板"—"手写字"中的"山川湖海"模板拖动到时间线上，使其完整覆盖第一个镜头

图10.34 将两段文字的字体更改为"霸燃手书"

图10.35 分别为两段文字添加粗细为4的描边

图10.36 调整文字的大小

第11章
•••••

文化短视频
——《中轴烟火气》案例

后期调色可以从形式上更好地配合短视频内容的表达，例如表达某种情绪，或者营造某种艺术效果。本章将以文化短视频《中轴烟火气》为案例，介绍一些常用的调色方法。

本章涉及的技巧主要有素材速度的变化、镜头的防抖处理、电影感调色处理、光影运用和处理、文艺港风调色、高饱和对比调色，以及明显的颜色对比感处理。

在正式开始学习之前，大家可以先扫描二维码观看一下《中轴烟火气》的成片。

11.1
素材曲线变速与防抖的应用

本节主要介绍《中轴烟火气》案例中素材曲线变速与防抖的应用，以解决在拍摄时由于轻微晃动造成的画面抖动等问题。

将素材导入后，首先对素材进行初剪，然后选择合适的音频放置在时间线上。完成以后，我们选中音频，单击"自动踩点"，选择"踩节拍Ⅱ"（见图11.1），将节奏点标记出来，以辅助我们对每个素材进行更精细的调整。

图11.1 选中音频后单击"自动踩点"，然后选择"踩节拍Ⅱ"，对节奏点进行标记

当前素材的总时长过长，因此我们要对素材进行变速处理。选中第一个镜头后，在右上方的属性面板中单击"变速"—"曲线变速"—"蒙太奇变速"，此时素材的播放速度就会应用一个先向上再向下的变速调整曲线，向上是快放，向下是慢放，这样就形成了快慢的对比。同时还要将素材的时长缩短，使其与第三个节奏点对齐（见图11.2）。

图11.2 对第一个镜头应用"变速"—"曲线变速"—"蒙太奇",并调整变速后的素材时长,使其与第三个节奏点对齐

接下来选中第三个镜头,同样,在右上方的属性面板中单击"变速"—"曲线变速"—"英雄时刻",让镜头的播放速度产生由快变慢再变快的变化。变速后再对时长进行相应的调整,让第二个镜头和第三个镜头分别对应上节奏点(见图11.3)。

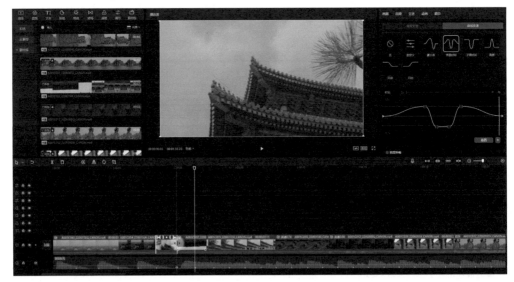

图11.3 对第三个镜头应用"变速"—"曲线变速"—"英雄时刻",并调整变速后的素材时长,使第二个镜头和第三个镜头均与节奏点对齐

利用同样的方法，对第四个镜头应用"英雄时刻"曲线变速（见图11.4），对第五个镜头应用"蒙太奇"曲线变速（见图11.5），对第六个镜头应用"英雄时刻"曲线变速（见图11.6），对第七个镜头应用"蒙太奇"曲线变速（见图11.7）。应用曲线变速后，别忘了调整素材的时长，要确保其与节奏点对应。

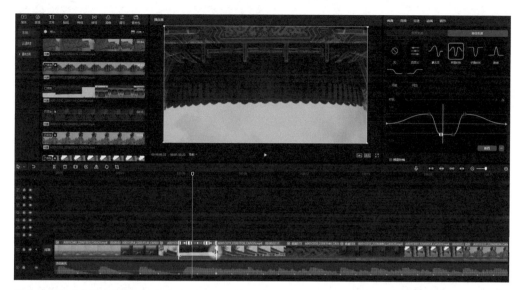

图11.4 对第四个镜头应用"变速"—"曲线变速"—"英雄时刻"，并调整变速后的素材时长，使其与第八个节奏点对齐

图11.5 对第五个镜头应用"变速"—"曲线变速"—"蒙太奇"，并调整变速后的素材时长，使其与第十一个节奏点对齐

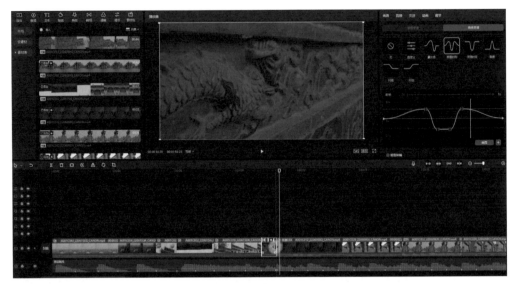

图11.6 对第六个镜头应用"变速"—"曲线变速"—"英雄时刻",并调整变速后的素材时长,使其与第十二个节奏点对齐

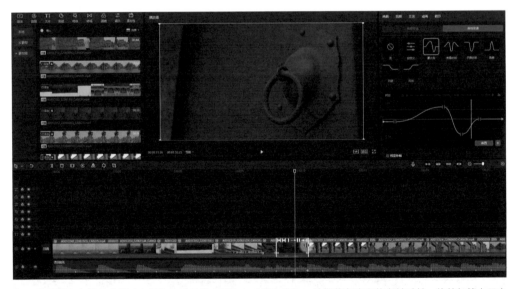

图11.7 对第七个镜头应用"变速"—"曲线变速"—"蒙太奇",并调整变速后的素材时长,使其与第十四个节奏点对齐

　　完成了素材的曲线变速以后,接下来我们进行素材的防抖处理。选中我们觉得有抖动问题的镜头,在右上方的属性面板中单击"画面",在其中选中"视频防抖","防抖等级"选择"推荐"(见图11.8)。这里要注意,我们只需要对有抖动问题的镜头进行防抖处理,没有问题的镜头没必要进行处理。

处理完成后，整个视频的画面就平稳很多，防抖处理能够在很大程度上解决画面抖动的问题。

图11.8 选中有抖动问题的镜头，选中右上方属性面板的"画面"中的"视频防抖"，"防抖等级"选择"推荐"

11.2

青橙色电影感调色处理

青橙色调是非常流行一种色调，在《中轴烟火气》案例中，我们可以看到天空偏青蓝色、建筑物偏橙色，这样的色调可以让视频具有电影般的质感。本节我们就来看看这样的色调是如何实现的。

首先要添加滤镜。单击"滤镜"，选择"复古胶片"分类，然后找到"KU4"滤镜，将其拖动到时间线上，我们看到此时画面已经偏蓝色了（见图11.9）。

图11.9 为画面添加"KU4"滤镜

　　接下来添加一层自定义调节层。找到"调节",将自定义调节层放置到时间线上滤镜的上层,并在右上方的属性面板中对相关参数进行调整。为了让画面偏冷色调,我们在"调节"—"基础"中,将"色温"调节为-18;然后将"饱和度"提高到19;画面本身有点暗,可以将"亮度"提高到30,将"对比度"提高到15,将"高光"降低到-7;画面有些过曝,所以要将"光感"降低到-12;再将"阴影"降到-14(见图11.10)。

图11.10 对自定义调节层的各项参数进行调整

　　最后,要将滤镜和自定义调节层的尾端向后拖动,使其覆盖需要调色的范围,这样富有电影感的青橙色调效果就制作完成了(见图11.11)。

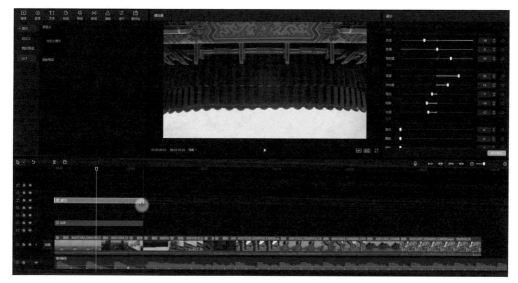

图11.11 将滤镜和自定义调节层的尾端向后拖动，使其覆盖需要调色的范围

11.3
光影特效高级调色处理

　　《中轴烟火气》案例还应用了光影特效的高级调色处理，像是一些光影的过渡和变化，还有特写镜头中的遮挡阴影效果，这些光影特效经常会在电影或宣传片中出现。本节我们就来看看这些光影效果是怎样应用的。

　　首先我们要对第六个镜头中的龙饰纹及第七个镜头中的门进行调色。单击"滤镜"，选择"复古胶片"分类，将"普林斯顿"滤镜拖动到时间线上，使其覆盖第六个镜头和第七个镜头（见图11.12）。

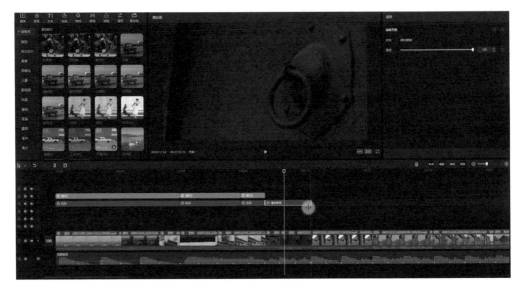

图11.12　为第六个镜头和第七个镜头添加"普林斯顿"滤镜

　　然后选择"调节"，将自定义调节层放置在时间线上"普林斯顿"滤镜的上层，也使其覆盖第六个镜头和第七个镜头。接下来在右上方的属性面板进行参数调整。我们将色温往蓝色的方向进行调整，将"色温"调至-12；将"饱和度"提高到21；因为画面本身稍微有些暗，所以将"亮度"提高到10；将"对比度"提高到8；将"高光"降低到-14；将"阴影"降低到-5；将"光感"降低到-11（见图11.13）。我们可以在第七个镜头中看到效果，门的颜色很红润，对比也很强烈。

图11.13　为第六个镜头和第七个镜头添加自定义调节层，并对自定义调节层的各项参数进行调整

调色完成之后，我们就可以为镜头添加光影特效了。单击"特效"—"投影"，针对第六个镜头的龙纹，我们选择"夕阳"特效，将其放置在时间线上，使其覆盖第六个镜头。然后在右上角的属性面板中，将"不透明度"降低到50，让特效更好地与画面融合，再将"闪动速度"降低到10（见图11.14）。

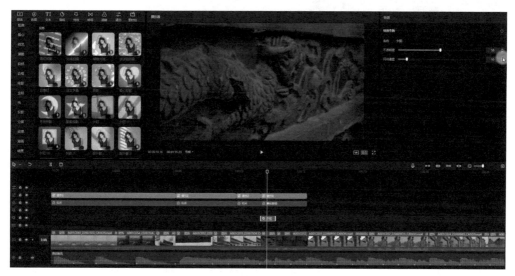

图11.14 为第六个镜头添加"夕阳"特效，并调整特效的"不透明度"和"闪动速度"

针对第七个镜头，我们在"特效"—"投影"中找到"窗格光"特效，将其放置在时间线上，使其覆盖第七个镜头。然后将"不透明度"设置为50，让特效更好地与画面融合（见图11.15）。这样两个有颜色变化又有光影特效的镜头就制作完成了。

图11.15 为第七个镜头添加"窗格光"特效，并调整特效的"不透明度"

11.4

文艺港风调色

　　所谓的文艺港风，是指画面的颜色有一些褪色感，整个画面的颜色不会特别突兀、强烈，而是比较均衡的，像二十世纪八九十年代的香港电影一样。暖色调也是一样，以前的电影很多画面色调都偏暖，呈现出一种柔和的暖粉色色调。本节我们就来探讨一下冷色调港风效果和暖色调港风效果是如何实现的。

　　我们看到，第八个镜头的画面又灰又暗，所以需要对其进行调色。单击"滤镜"，选择"复古胶片"分类，在其中选择"港风"滤镜，将其拖动到时间线上，使其覆盖第八个镜头（见图11.16）。添加完"港风"滤镜后，我们还需要添加一个自定义调节层。单击"调节"，将自定义调节层放置在时间线上，使其覆盖第八个镜头，然后进行参数的调整。将"色温"调节至-18，让画面整体偏蓝；"饱和度"提高至19；"亮度"提高至30；"对比度"提高至15；"高光"降低至-7；"光感"降低至-12。这样对比的感觉就出来了。当然，还需要将"褪色"提高至22，让画面保持港风的效果（见图11.17）。

图11.16　为第八个镜头添加"港风"滤镜

图11.17 为第八个镜头添加自定义调节层，并对各项参数进行调整

我们要为第九个镜头制作一个偏暖色调的效果。选择"滤镜"，找到"精选"分类里偏暖色调的"暮色"滤镜，将其放置在时间线上第九个镜头的上层，使其完整覆盖该镜头（见图11.18）。接下来，我们要为第九个镜头添加自定义调节层。选中为第八个镜头添加的自定义调节层，通过组合键"Ctrl+C"进行复制，将白色滑杆放置在第九个镜头开始的位置，再通过组合键"Ctrl+V"进行粘贴，并调整自定义调节层的长度，使其完整覆盖第九个镜头（见图11.19）。此时，我们需要对第九个镜头的自定义调节层的参数进行调整。把"褪色"调整至0；然后将"色温"调整至-14；"饱和度"提高至24；"阴影"降低至-12，让对比的效果更明显；"高光"提高至7；"对比度"提高至9；"锐化"提高至13（见图11.20）。这样，冷色调港风效果和暖色调港风效果就完成了。

图11.18 为第九个镜头添加"暮色"滤镜

图11.19 将第八个镜头的自定义调节层复制后，粘贴至第九个镜头的上层，并调整其覆盖范围

图11.20 调整自定义调节层的参数

11.5
高饱和对比调色

高饱和的色彩可以让画面的质感更加强烈。在《中轴烟火气》案例的第十一个镜头和第十二个镜头中，我们可以很明确地看到鲜艳的红色、绿色，包括街巷上的店铺招牌、灯笼和人物的衣服等，色彩都比较突出，呈现出一种独特的高饱和色彩效果。在短视频的剪辑中，一些细节和我们想要突出表现的事物，都可以考虑用高饱和色彩进行表现。具体的做法依然是选用合适的滤镜以及自定义调节层。

首先，单击"滤镜"，在"复古胶片"分类中选择"KE1"滤镜，然后将其放置在时间线上第十一个镜头的上层，使其完整覆盖该镜头。然后单击"调节"，将自定义调节层放置在时间线上"KE1"滤镜的上层，并与之对齐（见图11.21）。接下来，我们要调整自定义调节层的参数。先将"色温"调整至-12，使画面偏蓝；然后将"饱和度"提高至30；"亮度"提高至11即可；将"对比度"提高至11；将"高光"降低至-8；同时降低"阴影"至-6；之后降低"光感"至-14（见图11.22）。这样，画面中色彩的饱和度、对比度以及画面的清晰程度就有所改善了。

图11.21 为第十一个镜头添加"KE1"滤镜以及自定义调节层

图11.22 对自定义调节层的参数进行调整

下一个镜头同样如此。在"滤镜"—"精选"中找到"高饱和"滤镜，然后将其放置在时间线上第十二个镜头的上层，使其完整覆盖该镜头。同样，通过组合键"Ctrl+C"对第十一个镜头的自定义调节层进行复制，然后通过组合键"Ctrl+V"在时间线上第十二个镜头的上层进行粘贴（见图11.23）。接下来，我们对这个自定义调节层的参数进行调节。显然，应该将"饱和度"降低一些，降至22；"色温"降低一些，调整至-5；"光感"也降低一些，调整至-8（见图11.24）。要注意的是，无论是色彩变化，还是整体色调，都要让该镜头与第十一个镜头基本保持统一。

图11.23 为第十二个镜头添加"高饱和"滤镜，将第十一个镜头的自定义调节层复制后粘贴过来，并使其完整覆盖第十二个镜头

图11.24 对第十二个镜头的自定义调节层的参数进行调整

11.6
色彩对比片头效果处理

　　色彩对比片头效果是一种较为常用的片头效果，本节我们就来探讨一下这种片头效果是如何实现的。我们看到《中轴烟火气》案例的片头，原素材画面整体偏灰，通过色彩对比片头效果的运用和色彩对比参数的调整，画面有了色彩的过渡变化，再加上文字，就形成了一个变化丰富的片头。

　　首先将之前添加的自定义调节层删除。删除之后，选中第一个镜头，将白色滑杆放置在第一个镜头的中间位置，单击"分割"（见图11.25），将该素材一分为二。分割完成之后，单击"转场"，选择"幻灯片"分类，找到"向右擦除"转场，将其放置在分割的两段素材之间，并确保其与节奏点对应（见图11.26）。添加完转场之后，选中后半部分素材，然后到右上方属性面板中的"调节"—"基础"中对参数进行调节。我们想让画面偏蓝，所以将"色温"调整至-13；将"饱和度"提高至14；将"亮度"提高至7；将"对比度"提高至20；将"高光"降低至-11；将"阴影"稍微降低至-8；将"光感"也降低至-8（见图11.27）。再切换到"调节"中的"HSL"，选择青色，将"色相"调整至28，将"饱和度"提高至46，将"亮度"提高至35（见图11.28）。这样，一个明显的画面对比过渡效果就制作完成了（见图11.29）。

图11.25 将白色滑杆放置在第一个镜头的中间位置，然后单击"分割"，将该素材一分为二

图11.26 在分割完成后的两段素材之间添加"向右擦除"转场

图11.27 在"调节"—"基础"中对后半部分素材进行调整

图11.28 在"调节"—"HSL"中,对后半部分素材青色的参数进行调整

图11.29 调整完成后,画面呈现出明显的对比过渡效果

接下来就可以添加文字了。单击"文本",选择"默认文本",将"默认文本"放置在时间线上第一个镜头的上层。在右上方的属性面板中单击"文本",在文本框中输入片头文字"中轴烟火气",字体选择"芋圆体";选中"描边",将"描边粗细"设置为4;选中"阴影",将"模糊度"调整为9%,"距离"设置为2(见图11.30)。再为文字添加入场和出场动画。在右上方的属性面板中单击"动画"—"入

场"，选择"向下飞入"动画，将动画时长设置为0.8秒（见图11.31）；再单击"出场"，选择"向上飞出"动画，将动画时长也设置为0.8秒（见图11.32）。最后，调整片头文字出现的位置，让它正好在画面对比过渡的过程中出现。然后将时间线上第二个镜头上层的自定义调节层和滤镜的开头向左拖动，使其与第二个镜头开始的位置对齐（见图11.33）。这样一个完整的片头就制作完成了。

图11.30 为第一个镜头添加文字，将内容修改为"中轴烟火气"，并对文字效果进行设置

图11.31 为片头文字添加"向下飞入"动画，将动画时长设置为0.8秒

图11.32 为片头文字添加"向上飞出"动画,将动画时长设置为0.8秒

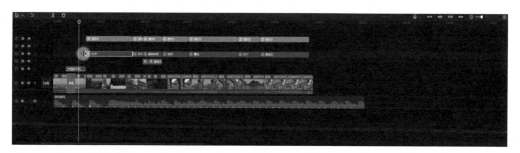

图11.33 调整片头文字出现的位置,以及时间线上第二个镜头上层自定义调节层和滤镜开始的位置